北京市地热资源评价与区划

主　编　刘久荣
副主编　孙　颖　刘　凯　李志萍

科学出版社
北　京

内 容 简 介

　　本书以大量地热勘查与科研成果为基础，系统阐述北京地区地热资源形成条件、分布特征、开发利用历史与现状以及地热资源研究程度，全面评价地热资源的数量和质量，并基于地热流体开采热量系数法、最大水位降速法、地热流体潜力模数法、比拟法评价地热资源开发利用潜力，结合地热资源勘查与保护区划研究，提出地热资源科学开发建议。

　　本书融理论性、资料性与实践性为一体，可供我国从事地热勘查、研究、规划及管理工作的人员参考、借鉴，也可作为高等院校有关专业师生的参考书。

审图号：京 S（2021）025 号

图书在版编目（CIP）数据

北京市地热资源评价与区划／刘久荣主编 . —北京：科学出版社，
2021. 12
　ISBN 978-7-03-069972-5

　Ⅰ. ①北… 　Ⅱ. ①刘… 　Ⅲ. ①地热能–资源评价–研究–北京
Ⅳ. ①TK521

　中国版本图书馆 CIP 数据核字（2021）第 201276 号

责任编辑：王　运　张梦雪／责任校对：张小霞
责任印制：吴兆东／封面设计：北京图阅盛世

科 学 出 版 社 出版
北京东黄城根北街 16 号
邮政编码：100717
http://www.sciencep.com

北京中科印刷有限公司 印刷
科学出版社发行　各地新华书店经销

*

2021 年 12 月第 一 版　开本：787×1092　1/16
2021 年 12 月第一次印刷　印张：11 3/4
字数：280 000

定价：158.00 元
（如有印装质量问题，我社负责调换）

序

　　地热资源是蕴藏在地球内部的一种巨大能源，也是一种很重要的可再生资源，对其合理地开发利用，可以减少化石能源的利用及污染物和温室气体的排放。因此，地热资源的开发利用对于节能减排来说是非常重要的，对满足人民日益增长的美好生活需要具有极其重要的意义。

　　地热能利用是我国能源利用形式多样化战略的重要组成部分，已用于工农业生产和人民生活的各个方面。"十三五"期间，我国地热能利用在能源结构调整、应对气候变化、大气污染治理中发挥了积极作用，"十四五"及未来时期，我国将加快构建现代能源体系，推进能源革命，建设清洁低碳、安全高效的能源体系，提高能源的保障能力，地热能的使用将发挥越来越大的作用。

　　《北京市地热资源评价与区划》是一部全面研究北京地热资源及其合理开发利用的专著。它围绕北京市地热需求和开发利用中的关键问题，对半个多世纪以来北京地区的地热资源勘查评价和研究成果进行了系统总结；深入分析了北京地区地热地质背景、地温场与地热流体化学特征、地热资源分布及其开发利用条件、地热开采动态变化趋势、地热回灌效果等；采用热储法、开采系数法、最大允许降深法和采灌平衡法评价了北京的地热资源、地热流体可开采量及其可替代的燃煤量；结合地热资源分布、开发利用现状和地区社会经济发展对能源的需求，提出了地热资源勘查保护区划、开发利用方案区划、开发利用潜力区划。并以此为依据，提出了北京地热资源合理开发利用的建议。

　　北京对地热资源的勘查开发起步较早，地热资源勘查评价经历过由浅入深、由点到面的发展阶段，地热资源开发则经历了以开采利用地热流体为主逐步向采灌相结合可持续利用的发展历程，全程是对北京地区地热资源条件、开发利用与保护中的问题不断深化认识的过程。在后续的地热资源勘查开发利用与保护中还会有新的问题出现，需要不断地去发现、去认识、去解决。

　　该书结合实际，提出的资料系统、完整，地热勘查开发规划有针对性，实用性强，对北京市未来一个时期的地热资源开发利用与保护提供了重要技术依据，并可为国内其他地区的地热资源开发利用与保护提供借鉴。目前，恰逢北京大力倡导及推广新能源之时，相信该书能起到积极的推动作用。

蒋铁民

2021 年 5 月 20 日

前　言

地热资源是一种清洁的绿色能源，其开发利用为北京市带来了巨大的经济效益、社会效益和环境效益。北京市地热资源勘查始于20世纪50年代中期。20世纪70年代初期，在著名地质学家李四光先生的倡导下，北京开始了平原区深部地热资源的勘查。自20世纪90年代末开始，随着人民生活水平的提高、环境保护意识的加强，开发地热资源的需求越来越大，地热井数量以20~30眼/年的速度增长，地热资源开发出现了快速发展的局面。近年来，为了减少空气污染，政府大力推广包括地热在内的清洁能源应用，进一步推进了地热开发利用。截至2020年末，北京市内有500多眼地热井，最深超过4000m。北京市的地热主要用于采暖、温泉沐浴、医疗保健、休闲娱乐、农业温室种植和养殖等方面。

本书梳理和总结了北京市近60年来的地热地质普查、专项调查、地热田详查、基础实验、区域地热资源计算评价、新技术方法研究，以及其他从事地热生产、研究单位所积累的资料和成果，特别是北京市水文地质工程地质大队（北京市地质环境监测总站）近年来完成的相关地热调查、评价及规划研究项目成果，介绍了北京地区地热资源形成条件、分布特征、开发利用与评价、区划保护与管理，分析了北京市地热可持续开发利用的远景，旨在为地热相关管理和技术人员、学者提供基础资料，为北京市地热开发助力，也希望为其他地区的地热开发提供借鉴。

本书主编由北京市水文地质工程地质大队（北京市地质环境监测总站）总工程师刘久荣担任，副主编为孙颖、刘凯、李志萍。编写分工如下：第1章由刘颖超、王树芳、陈苋、郭高轩编写；第2章由刘久荣、刘殷、路明、韩旭、寇文杰编写；第3章由刘凯、李志萍、董佩、李鹏、王桂芳编写；第4章由刘凯、王新娟、董佩、许苗娟、周涛编写；第5章由刘久荣、孙颖、李志萍、刘宗明编写；第6章由刘久荣、孙颖、刘凯、李志萍编写；第7章由孙颖、刘久荣、刘凯编写；附录A和附录B由刘颖超、卢忠阳、韩征编写；插图由许苗娟、刘凯、张院编制。本书统稿由刘凯、孙颖、李志萍完成，最终由刘久荣修改定稿。

本书的出版得到了北京市水文地质工程地质大队（北京市地质环境监测总站）的大力支持，编写过程中得到宾德智、冉伟彦、白铁珊、石小林等诸多专家学者的帮助和指导，在此一并表示衷心的感谢。由于作者水平有限，书中不足之处在所难免，恳请读者不吝赐教！

目　　录

第1章　地热地质背景

1.1　自然地理概况

1.1.1　地理位置

北京市地处华北平原的北部,是山地与平原的过渡地带。北京市按行政区划分为16个区,包括由东城、西城、朝阳、海淀、丰台、石景山6个区组成的城区以及由门头沟、房山、通州、顺义、大兴、平谷、怀柔、昌平、密云、延庆10个区组成的郊区,总面积为16410km²。北京市地热资源的分布以及集中开采主要分布在平原区(含延庆),山区仅有零星开采,故重点研究区在北京市平原区。

北京市作为中华人民共和国的首都,不仅是政治、文化的中心,同时也是全国重要的交通枢纽,无论铁路、公路还是航空交通都十分发达。

1.1.2　地形地貌

1.1.2.1　地形特征

北京市地形西北高、东南低,西部为太行山脉,北部为燕山山脉,山区多属中低山地形,东南是缓缓向渤海倾斜的平原,其平原形状很像一个群山丛中突入的海湾,故有"北京湾"之称。

1.1.2.2　地貌特征

1. 山区地貌

北京山区主要山脊线及沟谷延伸方向与构造线基本一致,褶皱、断裂等地质构造形迹在地貌上有明显反映。山地多由不同时代的岩石组成,岩性的不同和抵抗风化能力的差异使得在漫长的地质演化过程中,花岗岩多形成浑圆的山地,碳酸盐岩则形成崎岖陡峭的山地。山地受新构造运动及外力作用的侵蚀,形成各具特色的山地地貌形态。北山是一组近东西向块状起伏绵延的山体,西山是由南西向北东伸展的一组挺拔绵延的平行山脉。

1)燕山山地

北山属燕山山脉军都山的一部分,面积为7031.72km²,约占全市山区总面积的69.79%。主要由镶嵌有延庆山间盆地的褶皱和断块山构成,山体分散,多呈东西走向,比较开阔，且有由延庆盆地中心向四周呈环状结构更替的特征，这一带山峰海拔为 1000m 左右，个别高峰达 2000m 以上。地表组成物质以花岗岩、片麻岩类为主，其次为石灰岩和砂砾岩类；延庆山间盆地沉积了一套由侏罗系、白垩系、新近系、古近系和第四系松散沉积物组成的火山岩和沉积层。

按地形特征，北山的中山带（海拔大于 800m）以近东西向的山地为主体，其次是西部受北东向构造干扰的山地。它们可归为一组两列的北东东至南西西断续伸展的山地。第一列是云蒙山—黑坨山—凤驼梁—燕羽山，称前列；第二列为猴顶山—佛爷岭—海坨山，称后列。中山带地层主要由中生界侵入岩组成，其次是喷出岩，山体具有块状分散、地势陡峻、起伏较大的特点。平谷低山带主要由石英砂岩和白云质灰岩构成，多桌状山，沟窄谷深，坡度较大，土层较薄，条件相对较差。

2）西山山地

西山属太行山脉，面积为 3044km²，占全市山区总面积的 31.21%，主要由一系列北东–南西向岭谷相间的褶皱山构成，山高坡陡，脉络清晰，从东南向西北呈成层有序排列特征。地表组成物质以石灰岩类为主，其次是火山碎屑岩类。

按地形特征，西山的中山带可归为北东向一组四列，两个主列，两个次列，从北向南有序排列。东灵山—黄草梁为第一列；白草畔—百花山—青水涧—妙峰山为第二列；第三列是九龙山；第四列是大洼尖—猫耳山。中山带地层主要包括中生界、古生界和元古宇，岩石坚硬，节理裂隙发育，坡度多大于 35°。

低山带在平面上呈条状，在剖面上也具阶梯状特征，西山山地由于基底构造北东向隆起掀升，主要位于山地岭谷相间组合的谷地中，由北向南有清水河低山带、清水涧低山带、门头沟低山带、大石河低山带以及横切北东向构造线的永定河低山带、拒马河低山带。新近纪的地壳间歇性上升，塑造了西山唐县期夷平面。

2. 平原区地貌

平原是由永定河、潮白河、温榆河、大石河、蓟运河等几条河流冲洪（湖）积作用形成的。

从山前到平原腹地，可以分成以下几个地貌类型：山麓坡积裙、山前洪积扇裙、冲洪积扇及冲洪积缓倾斜平原、扇缘及扇间洼地（扇形平原面上的洼地）。其中，以冲洪积扇及冲洪积缓倾斜平原分布最为广泛。

1）山麓坡积裙

山区与平原交界的山麓地带，广泛分布着更新世晚期的坡积裙。主要由上更新统黄棕色砂质壤土组成，底部见中更新统紫红色黏土，局部残留基岩风化壳。坡积裙间发育了一些小型洪积扇，它们往往嵌入早期洪积扇之中，这反映山麓地带近期有抬升。

2）山前洪积扇裙

山前大沟谷出口段广泛发育洪积扇，如西峰山、白羊城、北安河等均为晚更新世堆积的扇形地。阳坊—北安河一带洪积扇呈 3～4 级内叠式串珠状展布，各级扇面较陡，有的还保留基岩台面。南口台地及其附近地区可明显划分出 3～4 级洪积扇，反映了该地段受近期抬升运动的控制。

　　3）冲洪积扇及冲洪积缓倾斜平原

　　永定河、潮白河、温榆河、蓟运河、大石河是构成北京平原现代沉积物的主要输送者，其中尤以永定河、潮白河最重要。这些河流大都由西北向东南流动，河流出山后形成冲洪积扇，首先将粗颗粒物质，如卵石、砾石、砂堆积起来，流向下游的沉积物质逐渐变细，组成面积达几千平方千米的冲洪积扇及冲洪积缓倾斜平原。

　　永定河冲洪积扇属于复合类型，由于河流频繁改道，形成多级冲洪积扇地形。以八宝山、老山为界，以北为永定河老冲洪积扇，以南为永定河新冲洪积扇。

　　潮白河主要由潮河和白河汇合而成。潮白河流出山地后形成了广阔的冲洪积扇。潮白河河流因受到新构造运动的影响，河槽下切，沿河地带发育有二级阶地。

　　温榆河、蓟运河、大石河形成的冲洪积扇规模相对较小，与永定河、潮白河冲积扇互相叠置，构成北京平原的重要组成部分。

　　4）扇缘及扇间洼地

　　扇缘及扇间洼地为山前洪积扇及冲洪积扇前缘或两者之间形成的洼地，洼地中多形成湖沼。沿现代永定河自然堤两侧有分布较广的堤外洼地，有些积水洼地已成为平原河道的源头。由于河流迁移或消亡，一些古河道残留洼地在历史上曾为沿泽地。

1.1.3　气象水文

1.1.3.1　气象

1. 气象

　　北京市属于典型暖温带半湿润半干旱大陆性季风气候，四季分明，冬季寒冷干燥，夏季高温多雨。据北京市气象局资料，北京市多年平均气温为 11.7℃，日极端最高气温达 42.6℃（1942 年 6 月 15 日），日极端最低气温为 -27.4℃（1966 年 2 月 22 日）。

2. 降水

　　根据北京市气象局多年资料统计，1961～2015 年全市多年平均降水量为 567.7mm，其中最大降水出现在 1969 年，降水量为 850.5mm；最小降水出现在 1965 年，降水量仅为 350.3mm。降水量在时间和空间上分布极不均衡，全年降水量多集中在 6～9 月，其间降水量占年降水量的 85% 以上，多年降水情况见图 1-1。

　　北京市降水量空间上分布不均，多年平均降水量等值线走向大体与山脉走向相一致（图 1-2）。

3. 蒸发

　　根据北京市气象局 20 个气象站多年资料统计，1979～2014 年全市多年平均蒸发量为 1623.57mm（20cm 蒸发皿），北京市蒸发量大于降水量，一年当中春季蒸发量最大，冬季蒸发量最小，见图 1-3。

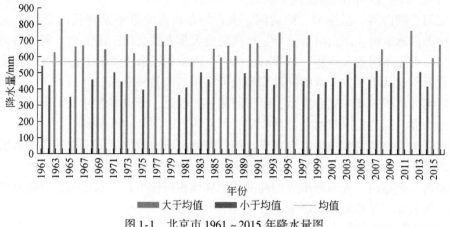

图 1-1　北京市 1961~2015 年降水量图

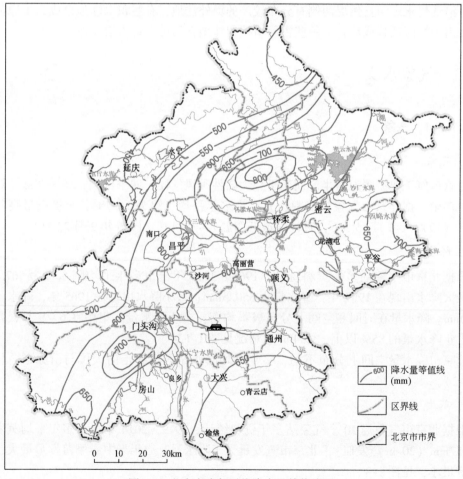

图 1-2　北京市多年平均降水量等值线图

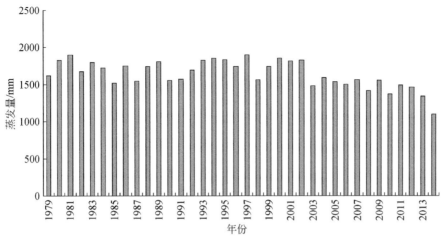

图 1-3　北京市 1979～2014 年蒸发量图

1.1.3.2　水文

北京市属海河流域，河网发育，北京市市内共有干、支河流 100 余条，分属五大水系，即大清河水系、永定河水系、北运河水系、潮白河水系以及蓟运河水系，见图 1-4。五大水系中，除北运河水系发源于北京市境内，其余均发源于境外。近几年地表河流逐渐枯竭，目前除部分河流经生态改造后成为人工蓄水场所之外，平原区河流多成为城市排污、排水河道。

1. 永定河水系

永定河水系的主要河流为永定河。永定河自官厅水库下游称永定河，在门头沟三家店进入平原区，由大兴区出境。境内流域面积为 3168km²，其中山区流域面积为 2491km²，是流经北京市最长的河流。

2. 潮白河水系

潮白河水系的主要河流为潮白河。潮白河是流经北京市的第二大河，市内长度为 90km。上游为潮河和白河。白河发源于河北省张家口市沽源县，一部分流经赤城县，进入北京市境内，另一部分流经延庆、怀柔汇入密云水库；潮河发源于河北省承德市丰宁县，流经滦平、密云注入密云水库；潮河、白河出库后在密云县河槽村汇合称潮白河，后经顺义、通州出北京，进入河北省境内。潮白河在北京市境内流域面积为 5613km²，其中平原区流域面积为 1008km²。密云水库下游有怀河、箭杆河、雁栖河、小东河等支流汇入。

3. 蓟运河水系

蓟运河水系的主要河流为泃河、汝河和金鸡河。泃河发源于河北省承德市兴隆县青灰岭，由平谷进入北京市境内，先后接纳汝河、金鸡河，经平谷马坊出境。蓟运河在北京市境内流域面积为 1377km²，其中平原面积为 688km²。

4. 北运河水系

北运河是隋朝期间修建的人工河，上游温榆河发源于昌平区军都山一带，有温榆河、

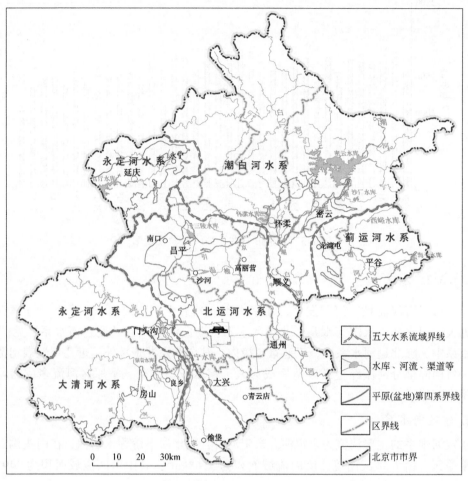

图 1-4　北京市水系分布图

通惠河、凉水河等支流。温榆河、通惠河在通州东关汇合后称北运河，从通州区出境。北运河在北京市境内长约 50km，境内流域面积为 4423km²。

5. 大清河水系

大清河水系的主要河流有拒马河、大石河、小清河。大清河水系在北京市的流域面积为 2219km²，其中山区流域面积为 1615km²，平原流域面积为 604km²。拒马河为大清河的主要支流之一，发源于河北省保定市涞源县，进入北京市境内后，于房山区张坊分为北拒马河、南拒马河；大石河、小清河分别发源于北京市境内的房山区和丰台区。目前拒马河、大石河基本处于天然径流状态，沿途只有农业引水，尚未建设大型水库，但大石河进入平原区以后近年来常年干枯。

1.2　区域地层

北京市平原区层序由老到新划分如表 1-1 所示。

表1-1　北京地区太古宇—新生界地层表

宇	界	系	统	阶	修订前岩石地层单位	修订后岩石地层单位
显生宇 PH	新生界 Cz	第四系 Q	全新统 Q_h			Q_h(按不同沉积类型划分)
			更新统 Q_p		马兰组 Qm / 周口店组 Qz / 泥河湾组 Qn	Q_p(按不同沉积类型划分)
		新近系 N	上新统 N_2		鱼岭组 Ny ／ 天竺组 ／ 天坛组	鱼岭组 N_2y ／ 天竺组 ／ 天坛组
			中新统 N_1			
		古近系 E	渐新统 E_3		前门组	前门组
			始新统 E_2		长辛店组 Ec	长辛店组 E_2c
			古新统 E_1			
	中生界 Mz	白垩系 K	上白垩统 K_2			
			下白垩统 K_1		夏庄组 K_1x	夏庄组 K_1x
					坨里组 K_1t	坨里组 K_1t
					九佛堂组 JKj	九佛堂组 K_1j
						东狼沟组 K_1d
		侏罗系 J	上侏罗统 J_3		晚侏罗世—早白垩世 J_3–K_1 ／ 东狼沟组 JKd	张家口组 K_1z
						土城子组 J_3tc
					张家口组 JKz	
					土城子组 J_3tc	
					髫髻山组 J_3t	髫髻山组 $J_{2-3}t$
			中侏罗统 J_2		九龙山组 J_2j	九龙山组 J_2j
					龙门组 J_2l	龙门组 J_2l
			下侏罗统 J_1		窑坡组 J_1y	窑坡组 J_1y
					南大岭组 J_1n	南大岭组 J_1n
						杏石口组 J_1x
		三叠系 T	上三叠统 T_3		杏石口组 T_3x	
			下–中三叠统 T_{1-2}		双泉组 PTs	双泉组 P_3T_2s

宇	界	系	统	阶	修订前岩石地层单位	修订后岩石地层单位
显生宇PH	古生界Pz	二叠系P	中–上二叠统P_{2-3}		双泉组PTs	双泉组P_3T_2s
					石盒子组Ps	石盒子组$P_{2-3}s$
			下二叠统P_1		山西组CPs	山西组C_2P_1s
		石炭系C	上石炭统C_2		太原组Ct	太原组C_2t
			下石炭统C_1			
		泥盆系D				
		志留系S				
		奥陶系O	上奥陶统O_3			
			中奥陶统O_2			
					马家沟组O_2m	马家沟组O_2m
			下奥陶统O_1		亮甲山组O_1l	亮甲山组O_1l
					冶里组O_1y	冶里组O_1y
		寒武系€	芙蓉统$€_4$	凤山阶 长山阶 崮山阶	炒米店组$€cm$	炒米店组$€_4cm$
			第三统$€_3$	张夏阶 徐庄阶	张夏组$€z$	张夏组$€_3z$
				龙王庙阶	馒头组$€m$	馒头组$€_{2-3}m$
			第二统$€_2$	沧浪铺阶	昌平组$€c$	昌平组$€_2c$
			纽芬兰统$€_1$			
元古宇PT	新元古界Pt_3	震旦系Z				
		南华系Nh				
		青白口系Qb			景儿峪组Qnj	青白口系Qn 景儿峪组Pt_3^1j
					龙山组Qnl	龙山组Pt_3^1l
					下马岭组Qnx	
	中元古界Pt_2	待建系Pt_2^3			铁岭组Jxt	下马岭组Pt_3^1x 铁岭组Pt_2^3t
		蓟县系Jx			洪水庄组Jxh	蓟县系Jx 洪水庄组Pt_2^3h
					雾迷山组Jxw	雾迷山组Pt_2^2w
					杨庄组Jxy	杨庄组Pt_2^2y
						高于庄组Pt_2^2g
		长城系Ch			高于庄组Chg	长城系Ch 大红峪组Pt_2^1d
					大红峪组Chd	
					团山子组Cht	团山子组Pt_2^1t
					串岭沟组$Chcl$	串岭沟组Pt_2^1cl
					常州沟组Chc	常州沟组Pt_2^1c
	古元古界Pt_1					
太古宇AR	新太古界Ar_3				密云岩群$ArMy$	四合堂岩群Ar_3^1Sh 密云岩群Ar_3^1My

1.3　区　域　构　造

1.3.1　构造单元划分

依据《北京区域地质志》(北京市地质调查研究院，2016)，北京位于柴达木-华北板块（Ⅰ）和华北陆块（Ⅱ）的东北部，可划分 4 个Ⅲ级构造单元，分别为Ⅲ$_1$ 冀东微陆块（Ar）、Ⅲ$_2$ 燕山裂陷带（Pt）［或称华北盆地（古生代及之后为盆地区）］、Ⅲ$_3$ 华北北缘隆起带（Pz$_1$）、Ⅲ$_4$ 华北凹陷盆地（E-Q）。又可划分为 11 个Ⅳ级构造单元，分别为Ⅳ$_{1-1}$ 密云变质基底杂岩（Ar）、Ⅳ$_2$-1 平谷夭折裂谷（Pt）、Ⅳ$_2$-2 房山碳酸盐岩陆表海（PZ）、Ⅳ$_2$-3 八达岭陆内造山岩浆杂岩（J-K）、Ⅳ$_2$-4 门头沟断陷盆地（J-K）、Ⅳ$_2$-5 延庆凹陷盆地（E-Q）、Ⅳ$_3$-1 喇叭沟门大陆边缘岩浆杂岩（P）、Ⅳ$_4$-1 北京断陷（E-Q）、Ⅳ$_4$-2 大兴隆起（E-Q）、Ⅳ$_4$-3 大厂凹陷（E-Q）、Ⅳ$_4$-4 固安-武清断陷（E-Q）（图 1-5，表 1-2）。

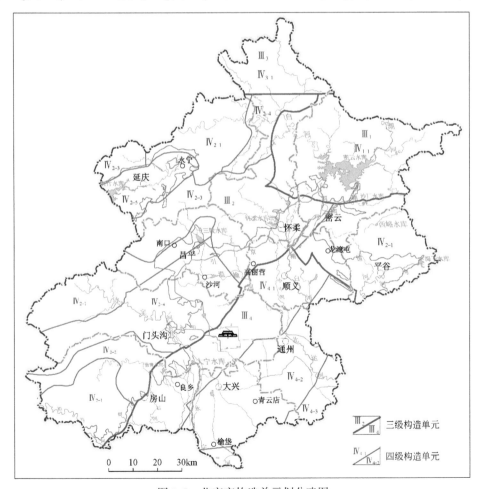

图 1-5　北京市构造单元划分略图

表 1-2　北京市构造单元划分简表

Ⅰ级构造单元	Ⅱ级构造单元	Ⅲ级构造单元	Ⅳ级构造单元
Ⅰ 柴达木–华北板块	Ⅱ 华北陆块	Ⅲ$_1$ 冀东微陆块（Ar）	Ⅳ$_1$-1 密云变质基底杂岩（Ar）
		Ⅲ$_2$ 燕山裂陷带（Pt）	Ⅳ$_2$-1 平谷夭折裂谷（Pt）
			Ⅳ$_2$-2 房山碳酸盐岩陆表海（PZ）
			Ⅳ$_2$-3 八达岭陆内造山岩浆杂岩（J-K）
			Ⅳ$_2$-4 门头沟断陷盆地（J-K）
			Ⅳ$_2$-5 延庆凹陷盆地（E-Q）
		Ⅲ$_3$ 华北北缘隆起带（Pz$_1$）	Ⅳ$_3$-1 喇叭沟门大陆边缘岩浆杂岩（P）
		Ⅲ$_4$ 华北凹陷盆地（E-Q）	Ⅳ$_4$-1 北京断陷（E-Q）
			Ⅳ$_4$-2 大兴隆起（E-Q）
			Ⅳ$_4$-3 大厂凹陷（E-Q）
			Ⅳ$_4$-4 固安–武清断陷（E-Q）

具体的与地热有关的Ⅳ级构造单元如表 1-3 所示。

表 1-3　各构造单元地热资源开发现状

类型	地区	所属构造单元	具代表性地热井
岩溶裂隙型	延庆盆地	延庆新断陷（Ⅳ$_7$）	新延热-1
	北山山前	昌（平）–怀（柔）中穹断（Ⅳ$_5$）	昌热-2
	良乡	琉璃河–涿县迭凹陷（Ⅳ$_{15}$）	B1-B4
	城区	坨里–丰台迭凹陷（Ⅳ$_{14}$）	京热-5、京热-160
	海淀	门头沟迭陷褶（Ⅳ$_{11}$）	京热-119
	平谷	平谷中穹断（Ⅳ$_9$）	平热-1
	双桥	黄庄迭凸起（Ⅳ$_{16}$）	双深-1
	顺义, 南彩	顺义迭凹陷（Ⅳ$_{13}$）	顺热-1
孔隙型（上部孔隙型，下部岩溶裂隙型）	安定–西集	牛堡屯–大孙各庄迭凹陷（Ⅳ$_{17}$）	桐热-7
		觅子店新凹陷（Ⅳ$_{18}$）	
		固安新凹陷（Ⅳ$_{19}$）	

1. 门头沟迭陷褶（Ⅳ$_{11}$）

门头沟迭陷褶位于门头沟至杜家庄一带，属于西山迭拗褶内的次级构造单元。基岩地层较全，中生界、古生界及中、新元古界均有分布。区内褶皱构造发育，是北京地区中生代向斜构造规模较大分布相对集中的地区。该区已经成功取得地热水，典型井为京热-119 井。

2. 昌（平）–怀（柔）中穹断（Ⅳ$_5$）

昌（平）–怀（柔）中穹断位于昌平、怀柔向平原过渡的斜坡地带。呈北东–南西延伸的菱形。中生代早期开始隆褶，其南侧边缘发育上侏罗统火山熔岩、火山碎屑沉积岩。

中生代中晚期，北侧岩浆活动强烈，有各类岩体侵入。新生代第四纪时期在南部受华北断拗影响较强烈部位，相对凹陷较深，有 0～500m 的松散物质堆积。

地热地质资料显示，本构造单元地热资源的分布集中在构造相对稳定的向南部凹陷的过渡地带，著名的小汤山温泉及小汤山地热田就坐落在本单元的东南端。

东北部由于受到区域地质的影响，从地层岩性分析没有较好的地热赋水岩层，地热资料开发利用相对较少（怀柔仅 5 眼地热井，密云仅 2 眼），但本区断裂构造十分发育。

3. 延庆新断陷（Ⅳ$_7$）

延庆新断陷位于北京市西北延庆—康庄一带，地貌上为北东-南西延伸的盆地。直到新生代中晚期本区发生隆断，逐渐形成断陷，接受新生界的沉积。区内断裂、褶皱构造十分发育，形成了延庆盆地"两凸、三凹、一单斜"的构造格局。物探资料显示，在北京西北部呈现出明显的北东向展布的重力低值带，并显示西北部陡、东南部缓的趋势，也显示了构造格局的展布特征。无论从地质条件还是从构造特征来看，延庆盆地都具备了形成地热资源的自热条件（盆地南侧河北省境内温泉分布较多）。近几年来，延庆陆续有地热井开发，是北京地热开发较有潜力的地区之一，目前延庆东南及周边地区为开发利用的重点。

4. 顺义迭凹陷（Ⅳ$_{13}$）

顺义迭凹陷位于北京迭断陷东北段，为新生代沉积的构造单元。基底由中、新元古界、古生界及中生界组成。新生界沉积厚度为 200～900m。由顺义、天竺、东坝及俸伯四个次级凹陷幅度较大的小盆地构成，基底有不同方向的断裂构造发育，新生代以来受现今构造应力场支配，在多组断裂交会部位常有级别不等的地震发生。

区内断裂构造错综复杂发育，形成了良好的导热、导水构造，上部具有巨厚的保温盖层，良好的地热地质条件使得区内的许多地方，如天竺、后沙峪、李遂、顺义等地都成了地热开发利用的重点地区。

5. 坨里-丰台迭凹陷（Ⅳ$_{14}$）

坨里-丰台迭凹陷位于北京迭断陷中段。基底由中、新元古界及中生界侏罗系和下白垩统组成。以北北东向良乡-前门断裂为界，西部坨里—长辛店一带沉陷较早，由古近系长辛店组沉积，新近纪至第四纪以来逐渐抬升，基底岩系大部分出露于地表，第四系仅有零星分布；东部在渐-中新世时期强烈凹陷，接受了巨厚的前门组、天坛组的沉积，并逐渐向东超覆，沉积最大厚度达 1500m。前门期于北京城区伴有偏碱性之玄武岩喷溢活动。第四纪以来，本区渐趋稳定，与西北和东南两侧隆起间的差异逐渐减小，构成向东缓倾斜的鼻状斜坡地带。

本区是北京市地热勘查开发最早、认识较为成熟的区域，北京城区热田在此分布。良乡最早在 20 世纪 50 年代农田供水中凿取地热水，是北京地区人工获取地热水最早的地区。从其地质结构上分析，良乡城东在白云岩出露的地方形成残山。但良乡地区储层埋藏浅，盖层较薄，冷水补给丰富，造成本区地热井出水温度偏低，凸起之上，井出水温度一般不超过 40℃，致使良乡地区地热的开发利用受到了一定的局限性。但随着地热资源开发政策的拓宽，市场需求及综合利用面的扩大，低温地热水增温技术水平的先进化，本区地热资源开发的潜力仍是巨大的。

坨里–丰台迭凹陷呈北东向展布，以永定河为界分为东西两部分，随着储层埋藏深度的增加，巨厚盖层的保热增温，获得了较高的出水温度，也使北京东南城区成为全市地热井的高产区和密集带之一。

6. 琉璃河–涿县迭凹陷（IV_{15}）

琉璃河–涿县迭凹陷位于北京迭断陷之西南段，西南延入河北省，其特征与丰台迭凹陷有一定的相似性，并与大兴迭隆起形成整体向东南倾斜的斜坡。本区施工的地热井相对较少，而处于南部（北京市外）的涿州附近 2000m 以内获取了 45℃ 的地下热水。

7. 黄庄迭凸起（IV_{16}）

黄庄迭凸起位于大兴迭隆起的西侧，主要特点是在中、新元古界即下古生界基底之上有 50 ~ 1000m 的新近系和第四系沉积物，新近系仅分布于凸起边缘向凹陷过渡的地带。

8. 牛堡屯–大孙各庄迭凹陷（IV_{17}）

牛堡屯–大孙各庄迭凹陷位于大兴迭隆起的东侧，主要特点是在中、新元古界与古生界基底之上的牛堡屯次级盆地中有古近系的褐煤沉积。新生界厚度一般为 300 ~ 6000m。本区有一狭窄条状的重力负值带，呈北北东向展布，起于牛堡屯东南，终于顺义的大孙各庄。本区内仅在凤河营地区地热井较多，目前北京市出水温度最高的兴热-12 井分布在此。

9. 觅子店新凹陷（IV_{18}）

觅子店新凹陷位于北京市东南边界一带，呈北北东向延伸，西邻大兴迭隆起，东北和东南延入河北省，觅子店新凹陷位于大厂新断陷的西南部，其基底岩系南北段可能为中生界，中部为中、新元古界。新生界发育较全，厚度达 5000m 以上。

本区处于夏垫断裂活动带南段，构造活动异常，目前仅有几眼地热井及地热勘查井。

10. 固安新凹陷（IV_{19}）

固安新凹陷位于北京市南部边界附近，大部分在河北省范围，其基底主要由中、新元古界及古生界组成，新生界较发育。

综上所述，北京市平原区所涉及的 IV 级构造单元共 11 个，其中有 4 个处于北京市辖区范围的东缘和南缘。这些构造单元大多已经成功钻取地热水，区别在于这些地区目前开发利用程度不同，未来开发利用潜力不一。

11. 平谷中穹断（IV_9）

平谷中穹断是北京市蓟县中拗褶（III 级构造单元）中唯一的一个 IV 级构造单元，在蓟县中拗褶的最西段，地理位置则位于北京辖区的最东端。是燕山裂陷槽强烈下陷的中心区，其最大沉积厚度近万米，中-新元古代地层遍布全区。热储层主要有蓟县系雾迷山组和长城系高于庄组，但从本区内钻成地热井看，一般在 2500 ~ 3000m 于长城系高于庄组热储成井，是本区的主要热储层。

1.3.2 断裂构造

北京市平原区断裂构造比较发育，燕山运动晚期与以升降为主的喜马拉雅山运动都形成了较大规模的断裂，展布方向以北东、北北东向，北西、北北西向和东西向为主。

1.3.2.1 北东、北北东向断裂

1. 八宝山断裂

八宝山断裂南起房山长沟，经八宝山延伸至海淀附近，全长 75km。该断裂在八宝山及其西南部的山区边缘断续出露，北东部的平原区内呈隐伏状，断裂附近诸多钻井资料控制了它的大致走向。该断裂走向为北东向，断面倾向为南东向，倾角较小为 20°～30°，从西南向北东倾角渐陡。上盘见蓟县系雾迷山组，下盘为石炭–二叠系及奥陶系，为上盘上升的逆断层。

八宝山断裂下盘卷入的最新地层是下侏罗统。该断裂截断了北岭向斜、九龙山向斜等，这些向斜的核部皆出露有中侏罗统九龙山组，与它们同期褶皱的向斜，如百花山向斜的核部还分布有髫髻山组，说明八宝山断裂的形成时代的下限应在中侏罗世晚期，在晚侏罗世之前，并早于断裂东南侧的安山岩喷出时期。

2. 黄庄–高丽营断裂

黄庄–高丽营断裂也被前人称为衙门口–北苑断裂，属张扭性断裂，其南西起自涿州市西城坊，经坨里、黄庄、八里庄、高丽营至怀柔一线，总长约为 110km，区内长度为 65km，其中平原区长为 42km，山区长为 23km。走向为北东向 20°～50°，断裂面倾向南东，倾角为 55°～75°，为高角度正断裂，在玉泉路口断裂两侧钻孔控制的最大断距超过 1200m。断裂于燕山运动末期切断了侏罗系及其以前的地层，控制了白垩系、古近系及新近系沉积，是 Ⅱ 级构造单元的分界线。黄庄–高丽营断裂分为三段，断裂带宽度为 1000～2600m，发育次级断裂 11 条，分段标志为南口–孙河断裂及永定河断裂。其形成期应在八宝山断裂之后，即中侏罗世之后。

黄庄–高丽营断裂是北京凹陷西北侧边缘断裂。根据物化探联合剖面、探槽揭露地质情况、钻孔地层初步对比，结合测年资料，分析该断裂南段最新活动在晚更新世末期，活动频率不高，在中更新世断裂活动较强烈，断裂最新活动时代为早更新世。北段为全新世活动断裂，现今仍在活动。全新世以来，黄庄–高丽营断裂总体特征表现为"两强一弱"，即全新世以来，南、北段活动性较强，中部相对较弱。

3. 顺义断裂

顺义断裂西南起自健翔桥附近，经天竺、首都机场、顺义北、北小营到焦庄户一带。断裂走向为北东向 40°～60°，倾向为南东向，倾角为 70°左右，延展约为 40km，为高角度正断裂，地表表现为线状、沟状地貌；在牛栏山一带又有基岩岛山出现，表现出这一断裂的展布。该断裂两侧地层错动很大，随着两盘的上下错动，沉积也在不断进行，属于同生断裂。顺义断裂主要分为两段，是一条断至康氏面的压性–压扭性断裂，断裂带宽度为

400～2500m，发育次级断裂 7 条，分段标志为南口–孙河断裂。

根据第四纪沉积物分析，断裂的形成时间晚于八宝山断裂、黄庄–高丽营断裂和南苑–通县断裂，此断层西北盘可能微微抬升，东南盘下降，直接影响了第四纪沉积物的厚度和特征。顺义断裂是一条第四纪活动断裂，活动时间上具有间歇性，时强时弱。早更新世活动强度较强，之后逐渐转缓，至中更新世活动相对较弱，晚更新世早期突然活动强烈，全新世活动强度最低。其活动空间上具有不均一性，中间强、两端弱。通过顺义断裂带中北段南彩地区、南段军营地区和首都机场地区的钻孔及槽探分析，顺义断裂带活动性总体较大，且全段差异性较大。

4. 南苑–通县断裂

南苑–通县断裂为平原区的隐伏断裂，是北京断陷与大兴隆起的分界线。南起涿州市区，经刁窝、陈家房、南苑、通州往东北方向延伸。断裂在通州区以东地表有显示，总体走向为北东向 30°～50°，断裂面倾向为北西向，倾角为 50°～80°，北西盘下降，南东盘上升，为一正断层，控制新生代分布。现已经基本查明，该断裂由两支间距 1～2km 大致平行的断裂组成，南支断裂东南侧第四系下伏为古生界，西北侧第四系下伏为新近系。该断裂为全新世活动断裂。

南苑–通县断裂带，在公义被北西向的断裂错断，在西芦城被永定河断裂错断，在南苑被南北向断裂错开，在小南庄被东风断裂错断，除了高碑店至通州段为东西向展布，整体走向为北东向 40°～50°，据物探资料，断层倾向为北西向，倾角大于 60°，北支断裂比南支断裂断距大，燕山晚期受北西–南东方向挤压，形成逆断层，喜马拉雅期应力场由北西–南东向挤压转变为北西–南东向张引，上盘沿老断裂下滑，转变为正断层，控制了古近系及新近系的分布。断裂地表形成的影响带宽度为 300～450m。

5. 礼贤断裂带

礼贤断裂带是由两支断裂组成的断裂带，沿榆垡、礼贤、安定南、长子营方向展布，西南伸出区外，往宫村镇方向延伸，走向为北东东向，区内长达 45km。礼贤断裂带是固安–武清断陷与大兴隆起的分界断裂，控制了固安断陷盆地古近系以来的地层沉积。断裂向东南倾斜，倾角较缓，一般倾角为 30°～40°，覆盖层厚度大。断裂西北侧基岩为中、新元古界，埋深仅有数百米到近千米，上覆有第四系，断裂对断陷盆地古近纪的沉积起明显控制作用；断裂的东南侧沉积了巨厚的古近系和新近系。据人工地震资料最大厚度可达 9000m，下伏基岩为中、新元古界和古生界。

6. 夏垫断裂

夏垫断裂分布在北京市平原区的东部，南起通州区凤河营，经通州区永乐店、西集镇、河北省三河市夏垫镇、平谷区马坊镇，为一正断层兼走滑断层，北东向延伸约 60km，断层走向为 40°～45°，倾角为 70°～80°。北京市内断裂延伸约为 35km。夏垫断裂是一条集黏滑和蠕滑为一体的第四纪活动性断裂。

该断裂带是大厂断陷盆地的西部边界，形成了西断东起和西深东浅的不对称的大厂断陷盆地。大厂断陷盆地是古近系的沉积盆地，基底深度在大厂附近深 4600m，安平以西深 6000m。第四系以来断裂继续活动，南段出现了新的断裂分支。该断裂主要分为两段，断裂带宽度为 670~5863m，发育次级断裂 6 条。

通过对夏垫断裂带最北段马坊地区、中北段夏垫地区和中南段西集地区钻探及槽探方法综合研究，夏垫断裂带活动强度总体较大，且全段差异较大。夏垫断裂带两侧距今 11ka（全新世以来）的累积垂直位移约为 2.6m。夏垫断裂马坊地区第四纪早更新世—全新世以来，活动强度逐渐变强。夏垫断裂带马坊—西集一带局段地表可见破裂、地震陡坎，断裂带切割全新世晚期，最新活动时代可确定为全新世晚期。

1.3.2.2　北西、北北西向断裂

1. 二十里长山断裂

该断层在二十里长山处以岛山为特点呈定向分布，断层向西北可延伸到牛栏山北，牛栏山附近也有岛山状基岩出露。在下屯、茶棚、大北务一带也有断层将山地与平原明显分开，方向呈北北西向。肖骑彬等（2006）在二十里长山-平谷盆地进行了大地电磁测量，分析结果表明，二十里长山断裂两侧为两个差异明显的水文地质单元，断裂构造控制了基岩中含水岩溶的发育。据王挺梅等的考证，该断裂与顺义断裂的交会处历史上曾发生 7 级以上地震。

2. 南口-孙河断裂

该断裂是北京市一个重要的活动断裂，也是张家口-渤海地震带中最醒目的地表第四纪活动断裂。该断裂自南口沿百泉、七间房、白浮、半壁街、东三旗、孙河至通州附近，往南延伸至南苑-通县断裂附近，该断裂为正断层兼具走滑断层，其总体走向为 315°，倾角为 60°~70°，长约 80km。该断裂主要分为两段，其中断裂带宽度为 500~2000m，主次断裂带的影响宽度为 200~500m，发育次级断裂 4 条。北西段自南口至北七家，断面倾向南西，控制了马池口-沙河第四纪凹陷的发育，凹陷内第四系最大沉积厚度约为 800m；南东段自北七家至孙河，断面倾向北东，控制了顺义凹陷的南界的东坝沉积中心，凹陷内第四系最大沉积厚度为 700~800m。

南口-孙河断裂在黄庄-高丽营断裂以北是分段叉开的，平行展布，总体走向北西，断裂北段倾向南西，南段倾向北东，倾角均较大。燕山期该断裂都具有明显的左旋特征，断裂两侧地层具有较大距离的位移。

该断裂形成的时间应在新近纪末—第四纪初。该断裂自全新世以来仍然在活动。南口-孙河断裂北西段为全新世活动断裂，且不同的分段位置活动存在差异，15ka 以来共识别 5 次古地震时间，全新世以来共识别出 3 次，百善探槽剖面显示，该段具有黏滑兼蠕滑的特征，且现在仍在发生蠕滑变形。南口孙河南东段平房村钻孔联合剖面揭露该断裂错断了 2 万多年的地层，属于晚更新世以来的活动断裂。

3. 永定河断裂

永定河断裂的断层大致沿军庄、三家店、鬼子山、卢沟桥呈南东方向延展。由于顺永定河发育，地貌标志十分明显。三家店一带的永定河两岸基岩中发育同方向的小断层和裂隙带。香峪大梁向斜的轴迹明显发生左行位移，卢沟桥以南长辛店砾岩在断裂两侧的发育程度有明显差异。据 1∶50000 电测深面积普查确定了该断裂在庞各庄一带的展布位置，

认为其逐渐消失于大兴隆起。

永定河断裂为一隐伏断裂，其规模不大，但其作用明显。永定河断裂在中生代和新生代第四纪为主要活动期，最近活动时期是在中更新世。

1.3.2.3　东西向断裂

1. 桐柏断裂

桐柏断裂西起通州马房，经肖家务、沙窝店、小甸屯伸出区外，沿利尚、羊房方向延伸。桐柏断裂大部分在市区外，区内长度达 26km；总体走向近东西转向北东。断裂显示明显的重力梯级带。

桐柏断裂属规模大、切割深的大断裂，是大厂断陷与固安-武清断陷的分界断裂。根据地震资料及钻孔揭露，武清盆地沉积中心新生界厚度可达 10000m，大厂断陷盆地新生界厚度为 2000～5000m，两盆地新生界落差数千米。可见桐柏断裂断距较大，推测印支期形成的挤压断裂，喜马拉雅期又开始活动，形成正断层。

2. 皮各庄断裂

皮各庄断裂位于北京市东部，大部分在市区外，西起平家疃，经南各庄，伸出北京市区，经皮各庄、程官营、李蔡街，过了夏垫断裂继续往东方向延伸，走向近东西，区内长约 20km。

皮各庄断裂属华北凹陷盆地，又是大兴隆起与北山褶带的分界线，规模大，切割深，推测为印支期形成的断裂，后期继续活动，被北北东向夏垫断裂错断，断裂的西段断层面向北倾，东段断层面向南倾。

此外，次级断裂走向分为北东向、北北东向、北西向、南北向、南东向和东西向，其分述详见表 1-4。

表 1-4　北京市平原区次级断裂一览表

断裂名称	走向	长度/km	断裂形成时代	强烈活动		控制作用
				时代	性质	
车公庄断裂	北东	26	Mz	Mz	C-Cs	控制 K_1 分布
莲花池断裂	北东	37	Mz	Mz	C-Cs	控制 K_1 分布
崇文门断裂	北东	40	Mz	Mz	C-Cs	控制 K_1 分布
瀛海断裂	北东	17	Kz	Kz	t-ts	
交道断裂	北北东	12	Kz	Kz	C-Cs	
琉璃河断裂	北北东	20	Kz	Kz	C-Cs	
夏垫断裂	北东	86	Mz	Mz-Kz	C-Cs	对 Pt_2 有控制作用
东庄断裂	东西	18	Kz	Kz		
张喜庄断裂	北西	20	Mz	Mz-Kz	斜列式	控制火山岩分布
花梨坎断裂	北东	23	Mz	Mz-Kz	C-Cs	控制 K_1 分布
楼梓庄断裂	北东	28	Kz	Kz	t-ts	控制 K_1 及火山岩分布

续表

断裂名称	走向	长度/km	断裂形成时代	强烈活动		控制作用
				时代	性质	
昌平断裂	北东	15	Mz	Mz	C-Cs	控制 Pt_2 分布
黄柏寺断裂	东西	25	Mz–Kz	Mz–Kz		
古城–狼山断裂	北东	20	Kz	Kz		
康庄–旧县断裂	北东	30	Kz	Kz		
小汤山断裂	南北	16	Mz–Kz	Mz–Kz	C-Cs	对 Pt_2 有控制作用
李家桥断裂	北西	15	Kz	Kz	斜列式	控制 E+N、K_1 分布
礼贤断裂带	北东	45	Mz	Mz–Kz	C-Cs	对 Pt_2 有控制作用
姚辛庄断裂	北东	18		Kz		通州向斜与张家湾背斜的地质界线
张家湾断裂	北西	18		Kz		
宋庄断裂	北东	19				南通次断裂
燕郊断裂	南东	13				控制了甘棠凹陷
台湖断裂	北西	13				
西集断裂	北东	63				
李桥断裂	北西	16				
张山营断裂	南北				C-Cs	
佛峪口–黄柏寺断裂	东西					
路家河断裂	南北				C-Cs	
靳家堡断裂	南北					
古城–苏庄断裂	南北					
五里营–古城断裂	东西					
西桑园–古家营断裂	北东					
康庄–沈家营断裂	北东				t-ts	控制延庆盆地南缘
西樊各庄断裂	北西					
峨眉山断裂	南北					
东高村断裂	东北					

注：C-Cs 为压性及压剪性断裂；t-ts 为张性及张剪性断裂；Mz 为中生代；Kz 为新生代。

1.3.3　深部构造

1.3.3.1　深部构造

地球从表面到中心可分为三个部分，即地壳、地幔和地核（北京市地质矿产勘查开发局和北京市地热研究院，2010）。这三部分又可细分为若干层。

地壳是地球表面的部分，以莫霍面为底界，主要由各种岩石组成。地壳的平均深度在大陆地区为35km，在大洋地区为5~10km；中国青藏高原厚度达60~80km，西部地区为50~70km，东南沿海地区为20km左右。

1.3.3.2　北京地区的地壳结构

北京地区深部地质构造可分为三个层，第一层和第二层为硅铝层，第三层为硅镁层。

第一层：地表至前长城系结晶基底顶面（即沉积盖层底部），厚度为0~6000m，层面呈波状凹凸相间，长轴方向为北东向展布，西北部较浅为0~2000m，东南部深，最深可达6000m左右（图1-6）。

第二层：前长城系结晶基底顶面至康拉德界面，即花岗岩质底面，深度为17~22km，东部较浅，约为17km，西北部较深，约为22km（图1-7）。

图1-6　北京地区结晶基底埋深图

第三层：康拉德界面至莫霍面，即玄武岩质底面。深度为32~42km。分布规律同第二层。东南部较浅约为32km，西北部较深达42km（图1-8）。

对地热有重要意义的居里等温面在东南部的平原十几千米到20km，而在西北部山区可达30km，居里等温面的温度值为550~660℃。居里等温面浅，对当地地温场的影响是有益的，故平原区的地热地质条件优于山区。

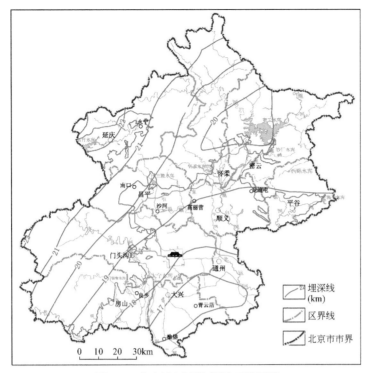

图 1-7 北京地区康拉德界面等深图

图 1-8 北京地区莫霍界面等深图

1.4 新构造运动

新构造运动这一概念在时间上原义是指古近纪末期以来的大地构造运动，而现在几乎包括整个新生代的地壳构造运动。前人认为将新生代的大地构造运动称为新构造运动是较符合新生代地质历史发展规律的，应用起来比较方便。同时建议把新构造运动分为喜马拉雅期和西山期两个阶段（黄秀铭等，1991；郭旭东等，1995）。一般来说，新构造运动隆起区现在是山地或高原，沉降区是盆地或平原。

新构造运动的结果直接影响和决定着现代地貌的发育过程及其形态特征，影响着现代地壳的稳定性，而地壳的稳定性是城市规划和建设需要首先考虑的问题。随着工业化和城市化的发展，防止和减少地质灾害、合理地进行国土规划与整治，已成为人类社会迫切需要解决的问题。北京市与整个华北大区一样，新近纪以来的新构造运动以断裂活动为主。受断裂活动影响和控制，断裂两侧的断块发生差异性升降和错动是新构造运动的主要表现形式。

1.4.1 两隆一凹的地貌格局

从始新世开始，北北东向断裂开始活动，它们大多利用了此前燕山运动时所形成的一系列北北东向断裂结构面，但其力学性质有了改变，从压扭性转变为引张正断。主要受黄庄–高丽营和南苑–通县这两条活动断裂的控制，北京平原区出现两隆一凹的地貌格局。在北京凹陷内堆积了始新统长辛店组及以上的沉积地层。这几条活动断裂的活动性有两个特点。

（1）活动强度在时间上的不均衡性。强烈沉陷是在新近纪，这时期内的沉积地层（天坛组和天竺组）厚度达 700 ~ 1000m。呈北东向延展的延庆盆地也是在新近纪时开始裂陷的。

（2）同一条断裂的不同区段，其活动强度也是不均衡发展的。如控制北京凹陷的两条边界断裂，其活动性从西南段开始，逐渐向东北方向拓展，凹陷内的沉积物很明显地不断向东北方向超覆。如始新统的长辛店组只分布在北太平庄附近，渐新统的前门组向东北拓展分布到来广营；而到中新统、上新统的天坛组和天竺组其沉积范围向东北拓展到顺义以东的程各庄一带。大兴隆起和大厂凹陷则以规模巨大的夏垫–马坊断裂为界。

1.4.2 第四纪时平原区两隆一凹的地貌特征和堆积环境彻底解体

更新世以来北西向活动断裂，如南口–孙河断裂开始强烈活动，沉积中心的长轴方向发生改变，从古近纪时的北北东向转为第四纪时的北西向。受南口–孙河断裂活动的控制，在断裂周边形成了北西走向的昌平马池口（第四系厚为 601m）、顺义天竺（第四系厚达 887m）和通州张家湾（第四系厚度超过 650m）等沉积中心。这说明第四纪时的构造活动不但具有继承性，而且具有新生性。

1.4.3　山区抬升–平原区下降的差异

自晚白垩世初夏庄期堆积以后一直处于剥蚀环境，地表准平原化，形成东灵期（即北台期）夷平面。从始新世开始出现地形分异，山区抬升，平原区下降，平原区受各条活动断裂控制出现复杂的沉降格局；北部延庆断陷盆地开始断陷的时间晚于山前平原区，从新近纪开始形成。整个北京市，山体的上升在新近纪时期基本完成，大体上达到了现今山体的高程。其次从初步推算出的各地史阶段山区上升速度可以看出第四纪时明显高于新近纪，几乎高出一个数量级，尤其是从中更新世晚期开始表现为强烈上升，其速度大大高于新生代的任何一个地史阶段，预测今后山区仍将有加速上升的发展趋势。山区的上隆幅度与平原区的断陷堆积厚度大体上互相对应，若把山区上升的幅度与盆地沉陷的深度两者相加，显示出自始新世以来北京市的相对升降幅度已高达 4000 ~ 5000m。同时还表明山区的抬升与平原区的下降是同一过程的产物，它们是以断块的形式，在拉伸作用下进行的。

1.4.4　南部、北部新构造运动的差异

主要活动断裂、地表形变数据、地震活动研究显示，北段断裂活动性明显。地貌、水系及第四系研究表明，北段的北东向和北西向断裂在第四纪都有明显活动，垂直差异性运动强烈。它们控制山前洪积扇发育、平原第四系厚度与沉积结构、夷平面与阶地高度变化。主要表现在南口–山前断裂、南口–孙河断裂、八宝山断裂北段、南苑–通县断裂等断裂构造上。从活动强度上来看，北部复杂，强度强于南部。

北段的山区与平原区的垂向差异运动显著，山前断层崖与三角面醒目，如南口北东向断层崖前，洪积扇发育，级数多，前缘坡度陡，北段附近有三级串珠状洪积扇。南口河在南口北东向断裂两盘阶地数目不一，断层带附近沟口裂点发育。此外北段平原下的基岩凹凸地块垂直差异运动明显。如南口–孙河断裂在龙虎台西侧陡坎异常醒目，抬升的龙虎台台地的第四系已拱成背斜状。在北西向断裂下降盘一侧即沙河凹陷、顺义凹陷和通州一带，水系较为密集，辐聚点较多。南段新构造运动较为简单，前述南段断裂亦可窥一斑。南段山前地带广泛分布层状地形面，如西山山前夷平面、溶洞层与阶地、山麓冲洪积台地及平原的二级堆积阶地，它们在高度上对应较好，表明南段新构造运动具有间歇性抬升性质。从阶地高度分布来看，上新世、早更新世和中更新世山前抬升量大些，而晚更新世、全新世以来山前抬升量较小。

第2章 地温场特征

2.1 区域大地热流

大地热流，简称热流，是地球内部热能传输至地表的一种现象。大地热流的量值称为大地热流量，它是地热场最重要的表征。在一维稳态条件下，热流量（Q）为岩石热导率（K）和垂直地温梯度（$\mathrm{grad}T$）的乘积，即 $Q = K\mathrm{grad}T$。热流量的单位为 $\mu\mathrm{cal}/(\mathrm{cm}^2 \cdot \mathrm{s})$，通称热流量单位（HFU），也有用 $\mathrm{mW/m}^2$ 表示的，两者的关系为 $1\mathrm{HFU} = 1\mu\mathrm{cal}/(\mathrm{cm}^2 \cdot \mathrm{s}) = 41.868\mathrm{mW/m}^2$。根据中国能源研究会地热研究会地热专业委员会中国大陆整体的平均热流值为 $63\mathrm{mW/m}^2$，与全球大陆平均值（$65\mathrm{mW/m}^2$）非常接近；华北地区（包括渤海湾和辽河盆地）平均热流值为 $67\mathrm{mW/m}^2$。

北京市大地热流计算中热导率参考《地热资源地质勘查规范》（GB/T 11615—2010），花岗岩、石灰岩、砂岩热导率分别为 $2.721\mathrm{W/(m \cdot ℃)}$、$2.010\mathrm{W/(m \cdot ℃)}$、$2.596\mathrm{W/(m \cdot ℃)}$。

北京市大地热流的空间特征与构造格局密切相关，整体分为 4 个中心，即李遂地热田、小汤山地热田、良乡地热田及东南城区地热田，北京市大地热流值在 $16.45 \sim 383.97\mathrm{mW/m}^2$，平均值为 $65.95\mathrm{mW/m}^2$。其中李遂、小汤山及良乡南部大地热流中心区最高，大地热流值分别为 $159.56\mathrm{mW/m}^2$、$138.84\mathrm{mW/m}^2$、$131.61\mathrm{mW/m}^2$，小汤山北部地热田最高部位大地热流值达到 $139.08\mathrm{mW/m}^2$，整体而言小汤山南部大地热流值高于小汤山北部。东南城区地热田北部和南部地热中心大地热流值达 $96.19\mathrm{mW/m}^2$、$97.44\mathrm{mW/m}^2$；双桥地热田地热中心大地热流值达 $63.61\mathrm{mW/m}^2$；凤河营地热田地热中心大地热流值达 $62.64\mathrm{mW/m}^2$；良乡地热田东南部大地热流值达 $63.63\mathrm{mW/m}^2$；天竺地热田中心大地热流值达 $61.81\mathrm{mW/m}^2$；延庆地热田地热中心大地热流值达 $55.70\mathrm{mW/m}^2$；凤河营地热田东部中心大地热流值为 $51.61\mathrm{mW/m}^2$；良乡地热田北部地热中心大地热流值为 $59.59\mathrm{mW/m}^2$。北京各地热田地热井大地热流值见北京市大地热流图（图 2-1）。

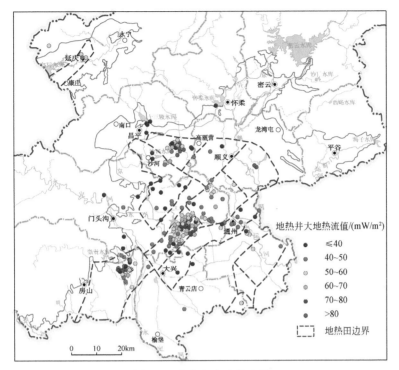

图 2-1　北京市大地热流图

2.2　区域地温场特征

2.2.1　地温场的平面分布特征

　　北京市平原区地温场具有如下特征：其地层增温率一般为 0.8 ~ 4.0℃/100m。北京市平原区地温场严格受大地构造控制，2500m 以浅储层温度在 50℃ 以上的地区有三块：一是延庆盆地腹地；二是北京迭断陷及其周边地区；三是大兴迭隆起南部的边坡带。其中以北京迭断陷及其周边地区面积最大，温度也最高，是目前北京市平原区地热开发的主要地区。

　　北京市平原区主要热储顶板温度高于 80℃ 的地区共有两块：一是北京断陷中心部位；二是大兴隆起南部的凤河营背斜附近。而延庆盆地腹地高温区为 70℃；小汤山地热田的高温区位于小汤山以南地区，温度为 50 ~ 70℃。平原区主要热储（Jx、O）的顶板温度（图 2-2）及 500m、1000m、2000m、3000m 埋深温度（图 2-3 ~ 图 2-6）分布特征如下。

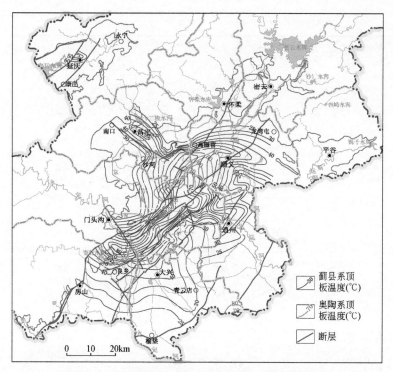

图 2-2 北京市蓟县系及奥陶系顶板温度等值线图

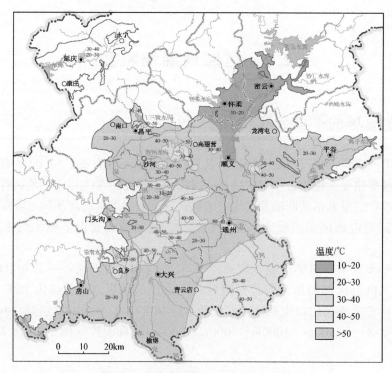

图 2-3 北京市埋深 500m 地温分布图

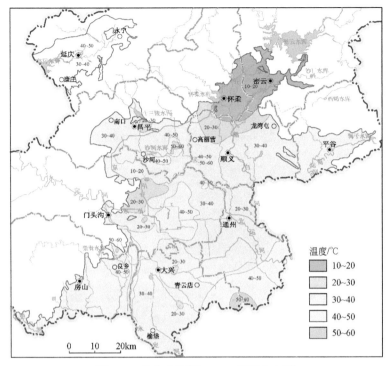

图 2-4　北京市埋深 1000m 地温分布图

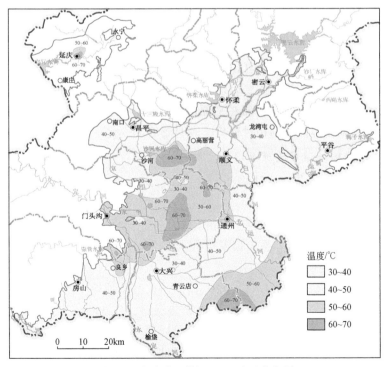

图 2-5　北京市埋深 2000m 地温分布图

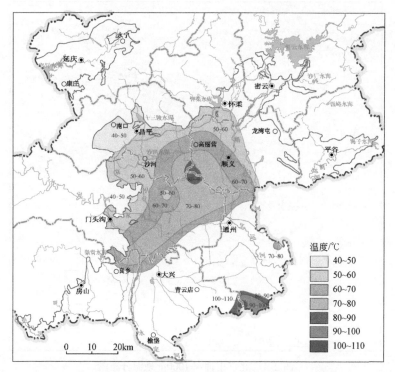

图 2-6　北京市埋深 3000m 地温分布图

2.2.1.1　蓟县系顶板温度的分布特征

蓟县系几乎遍布全市平原区，其顶板温度为 25 ~ 80℃，温度等值线的展布方向基本上与地质构造线的延伸方向一致，主要表现为在平原区的中心地带、西部及东部温度等值线相对密集，表明温度场变化剧烈；而在平原区的南部、西南部、北部、东北部及东南部，特别是山前地区，温度等值线则相对稀疏，表明温度场变化不大。

1. 蓟县系热储顶板温度大于 80℃ 的地区

主要集中分布在凤河营、后沙峪、东南城区、天竺、良乡五个地热田内，分为三大地区：

（1）凤河营周边，高温区顶板温度曲线长轴方向沿北东至南西展布。区内兴热-9 井、兴热-12 井钻孔资料显示，蓟县系顶板温度分别高达 98.4℃ 和 116.4℃，故可根据这两个钻孔推测凤河营一带存在高温区。

（2）来广营—酒仙桥—香河园一带，其高温区蓟县系顶板温度曲线长轴方向呈近北东至南西向展布。据顺义断裂西侧的来热-2 地热井资料，在 3800m 处其蓟县系顶板温度高达 91.8℃，故可据此推测来广营以北地区的洼里以西一带存在大于 80℃ 的高温区。

（3）丰台、长辛店地区，其高温区顶板温度曲线长轴方向大致呈北东至南西向展布。区内蓟县系储层上部盖层厚度为 3000 ~ 3500m 不等，其中位于良乡地热田的京热-88 井，蓟县系顶板温度高达 85℃。

2. 蓟县系顶板温度小于40℃的地区

蓟县系顶板温度小于40℃的地区位于延庆盆地边缘，平原区的西部、北部以及东北部的山前地区及平原区的东部、东南部以及南部等地区，包括大兴隆起的双桥地热田（包括亦庄）等地区。蓟县系顶板温度等值线表现为平原区等值线相对较稀疏，地温场变化缓慢。

另外，蓟县系热储顶板温度为40~80℃的地区，在全市范围内不同的地区均有分布。

2.2.1.2　奥陶系顶板温度的分布特征

奥陶系作为热储主要集中分布在三个地区，由北向南依次为：

（1）分布在黄庄–高丽营断裂以北的洼里—奥运村一带，以及在黄庄–高丽营断裂南侧的花园路—万寿路一带，奥陶系盖层厚度为1000~3000m，温度变化为40~75℃，以京热-139井为例，奥陶系顶板埋深为2508m，顶板温度为39.2℃。

（2）分布在黄庄–高丽营断裂以南，顺义断裂以北的南法信—后沙峪—来广营一带，奥陶系顶板盖层厚度为2000~3500m，温度为40~80℃。

（3）分布在北京市南部的凤河营附近，目前只有河-1井、桐-7井、京参-1井、兴热-9井、兴热-10井、兴热-12井6眼井奥陶系的顶板温度资料，其顶板盖层厚度一般大于2000m（兴热-9井、兴热-10井、兴热-12井奥陶系顶板埋深分别为2112m、2140m、2119m），温度相对较高，一般为70~80℃（兴热-9井、兴热-12井奥陶系顶板温度分别为68.7℃、77.4℃）。

2.2.1.3　寒武系顶板温度的分布特征

寒武系作为热储主要分布在黄庄–高丽营断裂以北地区，它常与蓟县系或奥陶系热储合并开采，仅有部分单独开采（汤热-16井，汤热-18井等），北京市寒武系热储薄厚不一，顶板分布在5~3195m不等（昌热-6井，寒武系顶板埋深5m，Y3井顶板深度3195m）。寒武系热储分布范围小，顶板温度为18.02~77.7℃不等，温度场分布规律比较零散。

2.2.1.4　500m、1000m、2000m、3000m埋深地温分布特征

1. 埋深500m地温分布情况

主要温度分布为20~50℃，普遍分布为20~30℃，除小汤山中心温度大于50℃以外，其他地区均小于50℃。延庆、李遂、凤河营、东南城区地热田东部均为40~50℃地区，其他地区高温中心均为30~40℃，只有后沙峪地热田多为20~30℃（图2-3）。

2. 埋深1000m地温分布情况

主要温度分布为20~60℃，普遍分布为30~40℃，此外40~50℃地区主要分布在凹陷的北京东南城区地热田。除小汤山地热田主要分布有50~60℃外，只有凤河营地热田高于50℃，整体分布与500m相同，其温度均有提高（图2-4）。

3. 埋深 2000m 地温分布情况

除双桥地热田、李遂地热田和良乡地热田东南部主要温度为 40~50℃外，北京市其余各地热田温度主要分布在 50~70℃，其中小汤山和东南城区地热田主要温度为 60~70℃（图 2-5）。

4. 埋深 3000m 地温分布情况

整体温度分布在 50~109℃，除李遂地热田和良乡地热田外，其余地热田温度主要分布在 60~90℃，北京凹陷部分温度仍相对较高。此外，凤河营地热田出现高温区，温度达 108.9℃（图 2-6）。

2.2.2　地温场的垂向分布特征

2.2.2.1　浅部温度场特征

北京市水文地质工程地质大队曾在北京市平原区（不包括延庆盆地）范围内开展了浅层地温普查工作，并提交了《北京市平原地区浅层地温普查报告》和《北京平原区地温梯度等值线图》（1∶20 万），报告中依据浅层温度大于 14℃ 和地温梯度大于 2.5℃/100m 两个条件，北京市平原区划分出了 10 个地热异常区。大部分浅层地温梯度高值区位于城区以北地区，其中小汤山、城东南地区和洼里-立水桥地区的浅层地温梯度均大于 4.5℃/100m，而良乡、天竺等地区的浅层地温梯度则高于正常值。

2.2.2.2　垂向地温梯度特征

据北京各地热井的出水温度及储层埋藏深度估算北京地区各地的地温梯度值，它反映了当地储层以上各地层综合的地温梯度，当前钻井地质资料提供的某一深度的温度值不能代表当地地温场的温度，达不到计算地温梯度的精度，因此利用测井试验得到的温度值，对北京地区地温场分布趋势进行勾画，以展示地温梯度值分布规律，绘制出北京市平原区地温梯度等值线图（图 2-7），以地温梯度值大于 2.5℃/100m 的区域划为地热异常区，2.0~2.5℃/100m 的区域划为有地热前景地区，小于 2.0℃/100m 的区域划为地热一般地区。

北京城区、小汤山、李遂、良乡、凤河营及延庆地热田中心区地温梯度均大于 3.0℃/100m。

地温梯度大于 2.5℃/100m 的高值区在全市各地热田（凤河营除外）均有分布，如良乡地区、北京城区的东二环-东五环附近、天竺地热田的天竺-南皋乡以东-东坝-常营-楼梓庄-李桥地区、李遂地热田的南彩-李遂地区、小汤山地热田的小汤山-百善-北七家以北-高丽营以西地区、京西北地热田的沙河以东-东小口以东地区、通州区的梨园以东-张家湾以北地区以及延庆盆地腹地。其中北京城区的东二环附近，天竺地热田的楼梓庄-常营以北地区地温梯度大于 4.0℃/100m，南彩-李遂地区地温梯度达到 5℃/100m 以上。

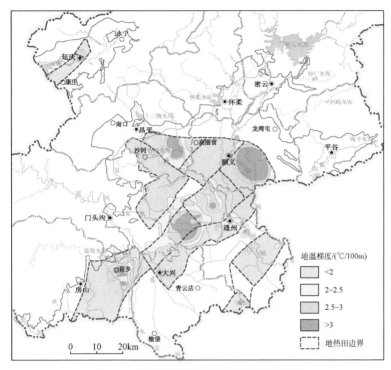

图 2-7　北京市平原区地温梯度等值线图

地温梯度大于 2℃/100m 的有"两大片一小片"。"一大片"处于从良乡镇附近经城区、天竺至李遂一带,是坨里-丰台迭凹陷、顺义迭凹陷分布范围,其向西北方向延伸的一支处于门头沟迭陷褶东部;另"一大片"处于本市东南部边界附近再向东南已出北京市辖区,它们处于固安新断陷北翼、牛堡屯-大孙各庄迭凹陷的中、南部及大厂新断陷分布范围。本区内以新生界厚度较大、孔隙型热储为主;以岩溶裂隙型热储埋藏深度较大为特点。"两大片"之间地温梯度值小于 2℃/100m,从地质构造角度看,北东走向盖层较薄的黄庄迭凸起将它们分开,再向东北处于潮白河东岸的孤山及更东北部的二十里长山碳酸岩已露出地面。"一小片"即处于延庆盆地腹地,此"两大片一小片"划定为具有开发潜力的、有良好前景的地热开发区。

北京市平原区地温梯度等值线图中地温场垂向分布受导热性构造、盖层厚度和热储组合控制。在地热田同一部位地温垂向变化主要受热储组合影响而有明显差异(图 2-8)。

根据《北京市地热资源 2006—2020 年可持续利用规划》(北京市国土资源局,2006)北京市热储及盖层增温率经验数据如表 2-1 所示。

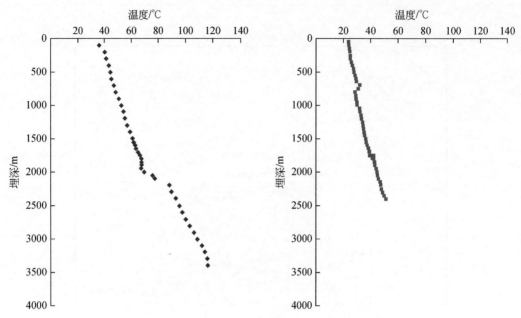

图2-8　兴热-12井（左）及通热-13井（右）测温曲线

表2-1　北京市热储及盖层增温率经验数据表

地层代号	Q–N	K	J	C–P	O	€	Qn	Jxt	Jxh	Jxw	Chg
地温梯度/（℃/100m）	3	2.2	1.8	2.0	0.8	1.2	2.3	1	4	1.2	1.2

热储盖层对沉积盆地型地热资源的形成起着举足轻重的作用。北京市诸多地方热储上面没有良好的盖层或盖层很薄，热储内的温度得不到很好的保存，导致热储温度不高。如良乡地区即是如此，良乡镇在北京市可以说是发现热矿水较早的地区，20 世纪50 年代末期寻找农田供水水源时就发现了30℃左右的温水，至1995 年当地共有十余眼地热井，产水温度绝大部分在40℃以下，1995 年其东部广阳城附近找到了有一定厚度的盖层发育地区，于1300m 揭开了热储，井深为1500m，获得了45.6℃的热矿水。

热储盖层较薄往往是地温梯度较高的地区，这样的例子也不少。如通州区张家湾—张辛庄一带地温梯度达3℃/100m 以上，蓟县系热储顶板约为500m 深，获得了不足30℃的热矿水。处于昌平区邓庄的昌热-3 井，虽然当地的地温梯度仅为1.1℃/100m 左右，但钻井深度达3300m，获得了42℃的热矿水，满足了洗浴的要求。

地热井的出水温度是热储温度的反映，对出水温度影响最大的是热储盖层的地温梯度，但热储的地温梯度对出水温度也有一定的影响。热储岩性为蓟县系白云岩和奥陶系灰岩，热储中地温梯度较稳定，而且梯度值较小。通过对25 眼蓟县系热储和7 眼奥陶系热储的地热井的统计计算得出，蓟县系白云岩地层地温梯度平均约为1℃/100m，奥陶系灰岩地温梯度平均约为0.8℃/100m。

2.2.2.3　温度场与地质构造

北京市地热田属于中低温地热田，主要依靠地热增温聚热，地壳深处的热量以深大断裂为主要通道向上传导，对流过程中被盖层阻挡，聚集在具有赋水条件的地层中，通过开采地热水予以利用。地热田地温场特征和地质构造有一定的关系，由北向南分述如下。

1. 延庆地热田

延庆地热田主要位于延庆盆地腹地，该地区被北东向延伸的古城–狼山断裂、康庄–旧县断裂及次一级的北西向和近东西向的小断裂所包围、切割，断裂具有很好的导热导水性。

2. 北京断陷及其周边地区

北京断陷及其周边地区大于80℃的地区，蓟县系高温区共有三大块，一是主要集中分布在黄庄–高丽营断裂以南，南苑–通县断裂以北的亚运村以西–太阳宫–香河园地区，其中位于北京城区地热田的京热-98井，在3585m处其蓟县系顶板温度高达86℃；二是顺义断裂南侧的望京地区；三是黄庄–高丽营断裂以南，南苑–通县断裂以北的长辛店一带，其中位于良乡地热田的京热-88井蓟县系顶板温度高达85℃。

而奥陶系的高温区，则主要集中分布在黄庄–高丽营断裂以南，顺义断裂以北的来广营—大屯西侧一带。这一切均取决于它们所处的特殊的构造地理位置，高温区被各条深大断裂及次一级的北东、北西向小断裂所包围、切割，断裂具有很好的导热导水性。其中小汤山镇东南高温区内有北西向的小汤山断裂，该断裂是小汤山地热田一条重要的导热导水性断裂，该地区内地热水井距小汤山断裂越近，热储的顶板温度也就越高，其出水温度也就越高，出水量也就越大，小汤山断裂具有很好的导热导水性。

3. 大兴迭隆起南部的凤河营地区

奥陶系顶板温度大于80℃的地区，主要位于北京市南部凤河营地区，该地区断裂构造发育，具有很好的导热导水性。

综上所述，平原区地温场特征与其所处的地质构造格局有着密切的关系，其基本特征是断裂构造越发育，离断裂构造部位越近，越有利于成井，地热井出水温度越高，出水量越大。

第3章 地热资源分布

3.1 热 储 划 分

构成地热资源的一个基本条件就是具有适当的热储和盖层，热储是具有足够的储存空间和渗透性的地层，为热流体的储藏和运移提供了条件；盖层是不具备足够渗透能力的地层，它限制热流体的对流，从而起到限制储层中热量散失的作用。适当的热储和盖层组合是构成具有开发价值地热资源的必要条件，二者缺一不可。北京市平原区广泛分布着碳酸盐岩地层，它经历了多次构造变动和溶蚀、裂隙及岩溶发育，是地下水良好的储存场所。在这套地层之上普遍沉积了数百米至数千米的中、新生代地层，形成了相对隔水、隔热的保温盖层。

依据北京市四十多年来地热地质工作经验，主要热储为蓟县系，其中以雾迷山组最好，铁岭组次之。寒武系和奥陶系灰岩在盖层条件具备的情况下，也是较好的热储。另外，在个别地区高于庄组白云岩和裂隙发育的侏罗系安山岩热水也较为丰富。到目前为止，北京市平原区的十个地热田及地热远景区内的主要热储均由这些地层构成，见表3-1。

表 3-1 北京市平原区各地热田主要热储一览表

地热田	热储	地热田	热储
东南城区	铁岭组、雾迷山组	天竺	雾迷山组
小汤山	寒武系、铁岭组、雾迷山组	后沙峪	铁岭组、雾迷山组、奥陶系、侏罗系
良乡	雾迷山组	双桥	铁岭组、雾迷山组
李遂	铁岭组、雾迷山组	凤河营	奥陶系、雾迷山组
延庆	雾迷山组	京西北	奥陶系、铁岭组、雾迷山组

北京市平原区的盖层渗透性一般来说很差，可以限制地下水的对流，构成了保温盖层。在上述盖层中，各地层的增温率也有一定的差别，其中以页岩和泥岩保温效果最佳。

必须指出的是热储和盖层是相对的，在一定条件下，热储可以变成盖层，盖层具备一定的储存空间和渗透性，在局部地段也可以构成热储。如顺后热-2井就是侏罗系取水。

3.1.1　蓟县系热储

　　蓟县系热储包括铁岭组和雾迷山组，两者之间被一套厚度为80m左右的洪水庄组隔热保温层分开。铁岭组在洪水庄组之上，厚度一般为350m左右，岩性主要为白云岩、灰质白云岩与泥晶白云岩。研究区内大部分地区存在铁岭组，有铁岭组分布的地区其下必有雾迷山组，在同一地点后者储层水温更高，而且铁岭组厚度远远小于雾迷山组，前者的厚度不足后者的五分之一，加之地质构造的原因，绝大部分地热井开采雾迷山组热储地热水，部分地热井采用两层合并开采，仅有很少的地热井开采铁岭组热储地热水。

　　雾迷山组是北京市分布面积最广的热储，在平原区占90%以上，岩性主要为硅质白云岩、燧石条带白云岩、纹层状泥晶白云岩等，厚度一般大于2000m。由于受多次地质构造运动的影响，雾迷山组裂隙较为发育，为岩溶作用创造了条件，具有较好的储存空间和渗透能力，是北京市主要的热储。

　　由于各处地质构造条件不一，蓟县系的埋藏深度也不一样（图3-1），有的出露地表形成残山，有的深度大于3500m。下面分区对北京市平原区内蓟县系热储的分布情况进行论述。

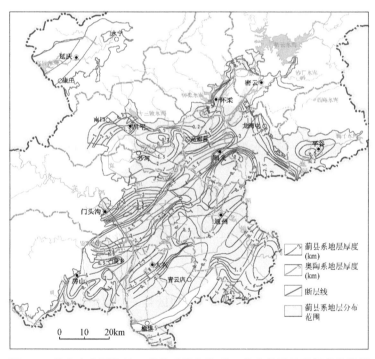

图3-1　北京市主要热储（蓟县系及奥陶系）分布范围及视厚等值线图

1. 延庆盆地

　　延庆盆地内广泛分布有蓟县系热储。由于地质构造复杂，蓟县系分布有较大变化，延庆城区西部和北部地区地热钻井很少，热储分布仅参照已往的地质资料推测。延庆城区及东部地区储层埋深由南西向北东加深,在新延热-1 井附近较浅,见蓟县系深度为 1397m,而延热-5 井在 2030m 未穿侏罗系。

2. 昌平及小汤山地区

昌平地区在南口-孙河断裂以东,昌平城南地区蓟县系埋藏最深,昌热-4 井见蓟县系深度为 3216m,然后向北西和南东侧埋藏深度逐渐变浅,在北部的昌热-3 井见蓟县系深度只有 85m。断裂的西侧也广泛分布蓟县系热储,以马池口地区埋藏最深,一般大于 2500m,而向北西和南东方向逐渐变浅。

小汤山及其附近地区以蓟县系热储为主,小汤山镇储层埋深一般小于 500m,在小汤山镇西北侧的大汤山有蓟县系出露,东南侧储层深度逐渐增加,在大东流地区的汤热-54 井见蓟县系深度为 2971m,储层温度达到 80℃以上。

3. 京西北地区

在南口-孙河断裂西侧和八宝山断裂北侧地区分布的热储主要为蓟县系。在沙河地区储层埋深由北东方向向南西方向逐渐增加,在回龙观及其以西地区埋藏最深,过东北旺再向南西向又逐渐变浅。近年来,在郑各庄地区施工的地热井较多,受南口-孙河断裂影响,该地区蓟县系热储白云岩裂隙发育,出水量一般在 2000m³/d 以上,而且出水温度较高。在香山地区蓟县系储层埋藏深度一般大于 3000m。

4. 顺义地区

在顺义迭凹陷的东北侧黄庄-高丽营断裂和张喜庄断裂之间的地区,分布有蓟县系热储,分布规律是由北东向南西方向深度逐渐增加。在赵全营的东北侧靠近黄庄-高丽营断裂为一凸起,蓟县系埋深小于 1000m。

在顺义李遂镇及其以北地区,蓟县系埋藏深度一般在 400m 左右,多眼地热井的出水温度为 40℃左右。热储深度由李遂镇向两侧增加,西侧的遂热-16 井见蓟县系深度为 660m。由于热储埋藏较浅,盖层较薄,地温较低,认为该地区开发深部地热资源的条件相对较差。

在南口-孙河断裂和李家桥断裂之间的部分热储由蓟县系铁岭组和雾迷山组构成。在天竺顺热-1 井及其附近地区是一凹陷构造,蓟县系热储埋藏最深,一般大于 900m,顺热-1 井见蓟县系为 940m,向南东呈递减的规律。盖层主要为第四系、新近系、古近系。

5. 楼梓庄地区

在楼梓庄断裂以北酒仙桥—东坝一线西北地区是一个前中生界的凹陷区,其热储为蓟县系雾迷山组,凹陷中心在酒仙桥地区,京热-120 井见雾迷山组深度为 2830m,向东北、东南逐渐变浅,京热-105 井见雾迷山组深度为 1822m。该地区盖层由第四系、新近系、古近系、白垩系、侏罗系组成。

在楼梓庄断裂以南,平房村东南—朝阳农场一线东南地区,热储由蓟县系铁岭组和雾迷山组构成,该地区由一凸起和一凹陷组成。在凸起的南部以京热-165 井及其以西地区为中心,京热-165 井热储埋藏深度为 548m,然后向南东方向深度递增,在靠近南苑-通县断裂附近深度超过 1200m,在凹陷的北部以京热-159 井及其附近地区为中心向东北方向递减。京热-159 井见蓟县系深度为 862m，盖层主要有第四系、新近系、古近系，部分地区发育白垩系和侏罗系。

6. 通州地区

在大兴迭隆起上的南口–孙河断裂以东地区，与河北省燕郊地区接壤，通州运河苑度假村的通热-3 井的成功开凿，展示了这一地区蓟县系热储的存在。

通州地区近年来开发的地热井较多，热储主要是蓟县系白云岩，热储深度由北西向南东逐渐变浅。张家湾的通热-1 井见蓟县系深度为 445m，城区潞河中学的通热-6 井深度为 1108m，再向北西向的八里桥附近最深，京热-58 井见蓟县系的深度达到 1452m（图 3-2）。

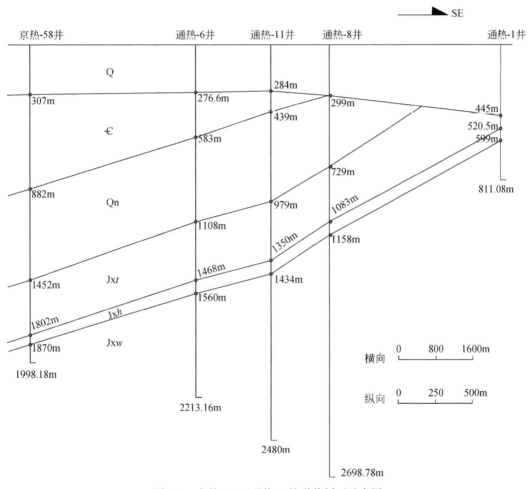

图 3-2　京热-58 至通热-1 的联井剖面示意图

7. 亦庄地区

大兴亦庄开发区及其附近地区也是本次工作的重点区，该地区处在大兴迭隆起上，主要热储为蓟县系白云岩，在瀛海断裂以北埋藏深度由北西向南东变浅，在旧宫西北部的京热-87 井靠近南苑–通县断裂，见蓟县系深度为 1467m，在旧宫的兴热-3 井见蓟县系的深度为 735.5m。在瀛海断裂以南主要热储也是蓟县系，在魏善庄至马驹桥一带是凸起，埋藏深度最浅，附近的 44 号地质井见蓟县系的深度只有 189m，再向南东和北西方向储层埋深有所增加。大兴地区在永定河断裂的西侧地热井较少，只有庞各庄附近的兴热-4 井，见蓟县系的深度只有 362m，该地区热储埋深由庞各庄地区向南北两侧逐渐增加。

8. 良乡地区

永定河断裂西侧，南苑-通县断裂和良乡-前门断裂之间的北京市西部平原区分布的热储为蓟县系白云岩。良乡地区地热研究程度较高，在良乡镇附近热储埋藏深度较浅，良乡东关昊天塔下铁路旁雾迷山组出露地表，然后向四周深度逐渐增加。由于该地区地热井较少，其地热分布特征基本为推测。在良乡-前门断裂的北侧分布着蓟县系热储，在长辛店东北侧埋藏深度最深，处于凹陷近中心的京热-88 井见蓟县系深度为 3740m。向外围延伸储层埋深也逐渐变浅，王佐京热-73 井见蓟县系的深度为 2260m，随着深度变浅白云岩裂隙较为发育，该井的出水量达到 2000m³/d。跨过南公义断裂的西部地区热储主要是蓟县系，由于没有地热井开采，热储埋深多为推测，有待进一步研究。

9. 北京城区

在北京迭凹陷内，南苑-通县断裂与崇文门断裂之间的地区，在京热-21 井至京热-3 井一线及其附近地区储层埋藏深度较浅，深度小于 500m，蓟县系向西逐渐变深，在西红门北侧的京热-75 井见蓟县系的深度就达到了 1914m。该地区开发较早，地热井较多，研究程度较高。在良乡-前门断裂的北侧至车公庄断裂之间的地区，主要是北京迭凹陷的中心部位，热储埋藏较深，在钓鱼台国宾馆施工的京热-160 井见蓟县系深度达到 3588m，而东南侧靠近良乡-前门断裂的中山公园京热-20 井见蓟县系的深度也达到了 2456m，可以看出这一地区的热储在南部地区为由北西向南东渐浅的分布规律。

10. 平原区的南部地区

北京市平原区的南部地区地热井资料相对较少，推测热储为蓟县系，在礼贤断裂带南部与桐柏断裂之间的地区，推测蓟县系埋深由北向南渐深。在牛堡屯断裂以东地区储层埋藏深度由北向南渐深。在夏垫断裂的南部储层埋藏深度较深，最深大于 5000m，储层埋藏深度由北东向南西渐深，其中通热-18 井蓟县系深度达 2740m，兴热-9 井蓟县系雾迷山组初见深度达 3358m。

3.1.2　奥陶系热储

奥陶系以石灰岩为主，总厚度为 850m，局部可以形成岩溶，在北京市常作为基岩供水的目的层，富水性很好，一般水量大于 1000m³/d，大者可达 4000m³/d。当具备赋水条件又具备较好的地热地质条件，主要是盖层条件好时，是较好的热储，但因上覆隔热保温层巨厚，埋藏较深，一般表现为产热能力差，提供的热值偏低。

1. 后沙峪地区

奥陶系热储在黄庄-高丽营断裂和顺义断裂之间分布最广，在来广营及其附近地区储层埋藏最深。来广营西北侧的来热-2 井见奥陶系的深度为 3527m，该井的出水温度接近 80℃，出水量也超过 1000m³/d。由来广营向北东方向储层埋深逐渐变浅，南口-孙河断裂以东的后沙峪地区奥陶系储层的分布规律由南西向北东向埋深逐渐变浅。顺后热-2 井在 2919m 未穿侏罗系，其北侧的顺后热-1 井见奥陶系的深度为 2360m，到顺义城区东北部的顺后热-4 井见奥陶系的深度只有 1052m。

2. 黄庄-高丽营断裂两侧

黄庄-高丽营断裂北侧与八宝山断裂之间的区域内也分布有奥陶系热储，埋深展布基本表现为由北东向南西渐深。奥陶系储层的水温和水量都较理想，以立水桥沙热-6 井为例，储层埋深为 1250m，水温为 70℃，出水量也超过了 2000m³/d。

在永定河断裂以东、黄庄-高丽营断裂的南侧分布有奥陶系热储，沿断裂呈带状展布。

3. 凤河营地区

在北京市平原区另一块把奥陶系作为热储的区域凤河营地区，该地区储层埋藏较深，分布规律基本表现为以京参-1 井、桐热-7 井、及河-1 井及其附近地区为中心，埋藏深度在 1800~2200m，向四周逐渐加深，外围最深推测达到 4000m。其中兴热-10 井奥陶系初见深度为 2140m，兴热-12 井奥陶系初见深度为 2119m。

奥陶系在良好盖层具备的条件下是除蓟县系之外的主要热储，储层全厚度达 750m 左右，以具有较高的储层压力为特征，奥陶系热储是上述地区的首选目的层。

3.1.3 其他热储

3.1.3.1 寒武系热储

寒武系由多组含泥质不等的碳酸盐岩组成，可以形成热储，其中馒头组泥质含量最多，不宜作为储层，但可作为较好的盖层。寒武系热储在研究区内分布范围有限（图 3-3），多集中处于昌（平）-怀（柔）中穹断南缘的小汤山复式褶皱的南部，在良好的侏罗系盖层之下分布本套地层。在小汤山及其以南地区因为下部有温度更高的蓟县系热储，一般不作为主要热储。在南苑-通县断裂以北地区分布几乎和断裂平行，呈带状展布，最大埋深不超过 1500m。寒武系昌平组灰岩不作为主要热储的另一个原因是储层厚度较薄，一般不超过 80m，且储层的温度相对也较低。以汤热-62 井为例，成井深度为 2803m，寒武系热储顶板埋深为 1150m，厚度为 1155m，出水温度为 51℃，出水量为 1504m³/d。

3.1.3.2 高于庄组热储

高于庄组的厚度在北京市名列第二，仅次于雾迷山组。虽然沉积盆地型热储有多层重叠的特征，但对于本热储而言，其下伏的地层具备热储条件者只有团山子组，因其厚度较小，岩性为含碎屑物质较多的碳酸盐岩类，赋水条件差，层位较低，故高于庄组热储为地层层位最低的一个热储。

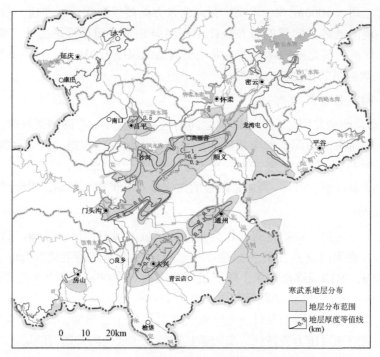

图 3-3　北京市寒武系分布范围及视厚等值线图

高于庄组热储在蓟县系以下，埋藏较深，主要分布在昌（平）–怀（柔）中穹断南部的平原区和黄庄迭凸起南部构造抬升较高的地区。目前钻探能够钻到并成功开凿的昌热-1井、昌热-3 井、兴热-4 井、平热-1 井等地热井均取高于庄组热水。

3.1.3.3　侏罗系热储

在侏罗系安山岩的裂隙中发现较好的热水储集井段，这些井一般靠近断裂构造，如顺后热-2 井在钻探过程中发现侏罗系安山岩有很好的地热显示，该井终孔深度为 2919m，成井于侏罗系，获得了出水量近 2000m³/d，出水温度也达到 75℃的热矿水。金融街京热-91井在 3545m 未见蓟县系储层，后在侏罗系中成井，出水量接近 500m³/d。顺热-7 井、顺热-8 井、顺热-9 井、延热-5 井、来热-1 井均成井于侏罗系安山岩，成井深度分别为2500.68m、2500.88m、2900.68m、2130.28m、2101.23m，出水量均在 800m³/d 左右，初见地层深度为 600~1600m。可见盖层在储存空间和渗透性适宜的条件下，可以构成热储（图 3-4）。

3.1.3.4　古近系和新近系热储

北京市大部分地区古近系和新近系赋水性很差，显示了很高的地温梯度值，是北京深部地热的良好盖层。但作为储层埋藏深度小，很难获得 40℃以上的出水温度，是孔隙型热储。

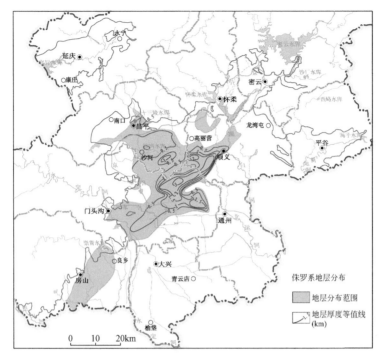

图 3-4　北京市侏罗系分布范围及视厚等值线图

古近系和新近系热储主要分布在北京市平原区的东部及南部边缘，觅子店凹陷及固安新凹陷内，在华北平原地区此类孔隙性热储显示良好的潜力，北京地区只是处于边缘地带，地热地质条件相对较差。

北京市平原区南部在礼贤断裂带北侧，西部区域蓟县系及其以上地层基本被剥蚀，东部区域推测为蓟县系。

3.1.4　热储综述

北京市常被作为地热资源开发的主要热储地层有三个。首先为蓟县系雾迷山组，分布范围广，一般埋藏深度较大，储层厚度也大（全厚大于 2000m），出水温度较高，是华北断拗（以北京凹陷为主）地区的首选热储。其次为奥陶系，主要分布于永定河断裂以东，顺义断裂以北地区，热储全厚度为 750m，具有较高的热储压力。最后为蓟县系铁岭组，分布范围不足雾迷山组的一半，通常情况其下必有雾迷山组存在，厚度较薄，约为 350m，与雾迷山组相比温度也较低。

寒武系热储，分布范围有限，其中赋水性良好的昌平组厚度一般小于 80m，温度相对较低，不作为主要热储。

此外，雾迷山组之下尚有高于庄组热储，由于埋藏深度较大，储水条件相对较差，在雾迷山组剥蚀残余厚度较小时，也可作为热储。

3.2 热储产水能力

北京市各热田产水能力各不相同，其中大多数地区产水能力小于 $100\text{m}^3/(\text{d}\cdot\text{m})$，各热储产水能力见图 3-5。

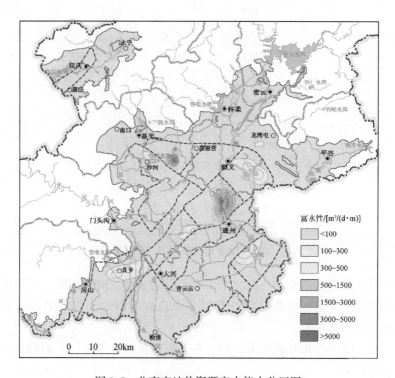

图 3-5 北京市地热资源产水能力分区图

延庆地热田整体产水能力较低，仅有延热-2 井产水能力达 $101.45\text{m}^3/(\text{d}\cdot\text{m})$，整体而言，延庆县城的东北地区富水性较好，而西南地区较之富水性差。

小汤山地热田为一产能中心，主要分布在小汤山镇以南地区，中心区汤热-45 井、汤热-18 井、汤热-13 井、汤热灌-3 井、汤锡热-1 井、汤热-48 井、汤热灌-6 井、汤热-25 井、汤热-8 井、汤热-43 井等地热井周边富水性好，单位涌水量较大。周边如高丽营、南邵地区富水性较差，埋藏较深，开采难度相对较大。

后沙峪地热田热储类型丰富，主要有奥陶系、蓟县系、寒武系及侏罗系热储，但后沙峪地热田整体产水能力较低，且同一热储产水能力各不相同，除顺后热-2 井外，其余井产水能力均小于 $50\text{m}^3/(\text{d}\cdot\text{m})$。如侏罗系热储最大产水井顺后热-2 井产水能力为 $83.95\text{m}^3/(\text{d}\cdot\text{m})$，而侏罗系顺热-6 井产水能力仅为 $3.92\text{m}^3/(\text{d}\cdot\text{m})$，顺热-9 井产水能力仅为 $3.69\text{m}^3/(\text{d}\cdot\text{m})$；奥陶系热储顺后热-5 井产水能力为 $42.55\text{m}^3/(\text{d}\cdot\text{m})$，而顺后热-9 井仅为 $13.46\text{m}^3/(\text{d}\cdot\text{m})$。

京西北地热田整体产水能力西北部较东南部好，其中沙热-2 井、沙热-11 井、沙热-

6井、沙热-17井一线在该区最有代表性，单位涌水量均在100m³/（d·m）以上，温度由西北向东南逐渐增高，属于地热开发前景较好的地区。清华园东北的京热-141井、奥热-1井的单位涌水量均在100m³/（d·m）以上，显示了这一地区很好的富水性。

天竺地热田也是地热产能的一个中心，天竺地热田富水性好的地区主要集中在太阳宫断裂与南苑－通县断裂交会附近的高碑店地区，其中京热-165井产水能力达1223.48m³/（d·m），京热-166井产水能力达156.64m³/（d·m）；南皋断裂和南口－孙河断裂附近的京热-198井产水能力达168.52m³/（d·m），顺热-1井产水能力达120.53m³/（d·m），顺热-2井达78.80m³/（d·m）。产水能力较差的地区主要分布在酒仙桥—望京一带，如京热-106井、京热-128井、京热-104井产水能力均小于10m³/（d·m）。天竺地热田东南部楼梓庄—徐辛庄一带仅有顺热-4井一眼地热井，产水能力33.12m³/（d·m），其规律有待进一步研究。

李遂地热田也是产水能力较强地区之一，中部的李遂镇的以西及以北至南彩地区，产水能力多在100～650m³/（d·m），如顺热-15井深900m，产水能力达到632.46m³/（d·m）；顺热灌-5井产水能力达581.45m³/（d·m），遂热-8井产水能力达到467.19m³/（d·m），显示出较好的产水能力。李遂地热田李遂镇西北2km左右地热井产能相对较低，多在20m³/（d·m）左右，如遂热-14井产水能力为16.83m³/（d·m），遂热-16井产水能力仅为11.92m³/（d·m）。

东南城区地热田产水能力相对较高，绝大多数地热井产水能力大于20m³/（d·m），主要集中在地热田东北部的东八里庄、六里屯-东铁营地区，产水能力均大于100m³/（d·m），其中京热-34井更新井最高达到646.96m³/（d·m）。

双桥地热田的地热井多集中在热田东部，其中产水能力最高的地区在通州的梨园以东地区，如通热-2井产水能力达到759.92m³/（d·m）。产水能力在该地热田较高的地区在堡头—通州—张家湾一带，产水能力在20m³/（d·m）以上。产水能力较差的地区是宋庄以南、北苑以东的地区，通热-8井产水能力仅为6.61m³/（d·m），通热-5井产水能力仅为6.91m³/（d·m），通热-6井产水能力仅为11.17m³/（d·m），可见这一地区热储层渗透性较差，产水能力较低。

良乡地热田现有地热井主要集中在良乡镇及周边地区，公义断裂以北、良乡南断裂和良乡北断裂之间，该地区热储层埋深一般在400～1145m，单位涌水量均在100m³/（d·m）以上，如良热-6井产水能力达2133.33m³/（d·m）。良乡地热田东南部地区产水能力相对较低，良热-35井产水能力仅有19.34m³/（d·m）。

凤河营地区地热井多为自流，其中桐热-7井自流量达765m³/d，其余地热井，如桐热-10井、京参-1井、河-1井、Y6井、Y3井、Y4井、厂-3井、向-2井、桐热-51井等均为石油勘探孔。兴热-9井、兴热-12井、通热-X井、通热-18井均为成井，成井深度较大，产水能力相对较低，温度相对较高，如通热-X井产水能力仅为20.43m³/（d·m），兴热-9井产水能力为14.05m³/（d·m）。

3.3　地热资源分布特征

据《北京市地热资源2006—2020年可持续利用规划》，北京市目前共划分出10个地热田，总面积为2759.87km²。地热田分布及基本情况见图3-6和表3-2。

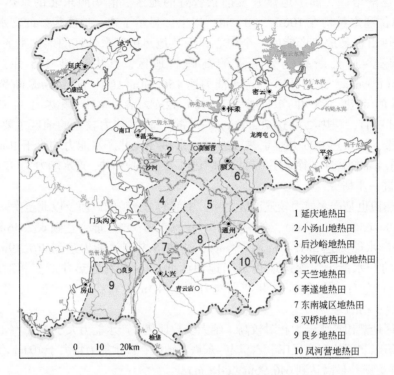

图3-6 北京市地热田划分示意图

表3-2 北京平原区地热田基本情况表

序号	地热田	面积/km²	井号	水位/m	最高温度/℃	井深/m
1	延庆	121.88	延热-2	自流	71	1951.16
2	小汤山	186.42	汤热-30	-36.56	70	1905.00
3	后沙峪	239.85	顺后热灌-3	-70.00	85	2841.00
4	沙河（京西北）	363.21	来热-2	-42.30	84	4051.30
5	天竺	290.75	京热-120	-67.80	89	3501.66
6	李遂	273.04	遂热-13	-28.11	55	1300.00
7	东南城区	207.44	京热-59	-65.63	88	3608.88
8	双桥	339.00	通热-4	-41.9	58	2500.88
9	良乡	475.77	京热-96	-77.27	72	2950.00
10	凤河营	262.51	兴热-12	自流	118.5	3356.00
	合计	2759.87	—	—	—	—

地热田及远景区范围的划分主要以较大的断裂、蓟县系和奥陶系热储埋深等值线、蓟县系热储顶板40℃等温线及自然市界为边界。

1. 东南城区地热田

东南城区地热田位于北京市城近郊区之内,面积207.44km²。在大地构造上属于北京迭断陷内的坨里-丰台迭凹陷中段,西北以北东向的黄庄-高丽营断裂为界,东南以南苑-通县断裂为界,东北部与西南部分别以北西向的太阳宫断裂和永定河断裂为界。

东南城区地热田前中生界走向为北东向,倾向为南东向,地层的分布从西南到东北依次为奥陶系、寒武系、青白口系、蓟县系。其上覆地层为侏罗系、白垩系、新近系和第四系。坨里-丰台迭凹陷的中心大致从城区地热田北部的卢沟桥—阜成门一线通过。在凹陷中心的两侧,前中生界的埋深逐渐减小,并且西北部坡度较陡,东南部较平缓。良乡-前门断裂将城区地热田分为南部和北部两个部分。南部蓟县系上覆地层普遍为第四系、新近系、白垩系,部分地区还存在奥陶系、寒武系和青白口系。北部的盖层由第四系、新近系、白垩系和侏罗系组成。

在城区地热田的东南部,热储顶板温度最低,且从南到北由40℃逐渐增高到70℃;西南部温度明显高于东南部,一般为50～75℃;温度最高的部位靠近良乡-前门断裂带,大于70℃。在地热田的北部,热储温度最高处在凹陷的中心部位,即卢沟桥—阜成门一带,达80℃以上;从凹陷中心向其两侧热储温度逐渐降低,南侧一般为75～80℃,北侧一般为60～80℃。靠近黄庄-高丽营断裂,热储温度最低,甚至低于60℃,原因可能是因为断裂加强了地层的渗透性,增强了水循环,并受到了断裂以北温度较低的地下水影响。

2. 小汤山地热田

小汤山地热田位于昌(平)-怀(柔)中穹断内,东南部以黄庄-高丽营断裂为界,西南部以南口-孙河断裂为界,北部边界在百善—香屯—大东流—高丽营西南一线,面积约为186.42km²。

小汤山地热田前中生代地层从北向南依次为蓟县系、青白口系、寒武系和奥陶系,其上覆地层为第四系和侏罗系。地层走向为北东向,倾向为南东向。主要断裂构造为走向北东向的阿苏卫-小汤山镇断裂和走向北西向的后牛坊-马坊断裂、大柳树-葫芦河断裂、常兴庄-后蔺沟断裂。

小汤山地热田的热储包括奥陶系和寒武系灰岩、蓟县系铁岭组和雾迷山组白云岩,其中奥陶系仅在地热田的南端有所分布。受主要断裂构造的影响,热储的分布及埋藏深度变化较大,但总的趋势为由北向南逐渐变深。地热田的西北部盖层为第四系、寒武系和青白口系;东南部盖层由第四系和侏罗系等组成。小汤山地热田的地热井出水温度最高处位于地热田中部,最高达到70℃。从中部向四周地热井的出水温度逐渐降低,边缘地区仅为40℃左右。

3. 李遂地热田

李遂地热田位于顺义区南彩镇至李遂镇地区,在构造位置上处于北京迭断陷中的顺义迭凹陷东北部,面积约为273.04km²。李遂地热田热储为蓟县系雾迷山组,盖层仅由第四系组成。热储埋藏深度平均为 400m 左右。李遂地热田井深为 372～907m，出水温度一般低于 50℃，热储渗透性良好。李遂地热田 3000m 深度地温一般为 55～60℃，仅在地热田中部很小的范围内可能接近 70℃。

4. 良乡地热田

良乡地热田位于北京迭断陷坨里-丰台迭凹陷西部，东临北京城区地热田。其西北边界为黄庄-高丽营断裂，东南边界为南苑-通县断裂，东北部边界为永定河断裂，西南边界为北京市界，面积为 475.77km²。

良乡地热田有许多和东南城区地热田相同的特征。前中生界走向为北东向，倾向为南东向，从东南向西北地层依次为奥陶系、寒武系、青白口系、蓟县系。构造形态与东南城区地热田基本相似，只是受到永定河断裂的影响，其凹陷中心相对城区地热田向西北推移。根据热储的分布，可将地热田分为北部、中部、东南部和西南部四个部分。

地热田北部位于南岗洼—岗上一线以北，热储为蓟县系雾迷山组，其埋藏深度在长辛店—焦各庄以北的凹陷中心最大，可超过 4000m，向凹陷的两侧逐渐变浅。在凹陷的北部边缘热储埋深可小于 1000m。从凹陷中心到南岗洼—岗上一线热储埋深为 1500～4000m。这一地区盖层由第四系、新近系、白垩系、侏罗系组成。

地热田中部，北起南岗洼—岗上一线，南至军留庄南—水碾屯北—大紫草坞南一线，热储为蓟县系雾迷山组，埋深小于 1500m。在良乡镇附近，由于受到断裂的影响，雾迷山组凸起，甚至出露地表。这一地带雾迷山组上覆地层为第四系、新近系、白垩系，部分地区有侏罗系。

地热田的东南部为在军留庄南—水碾屯北—官道西—东南召以东，至南苑-通县断裂之间。在这一范围内，研究程度很低，资料很少，但推测由西北至东南分布的前中生代地层为蓟县系铁岭组、青白口系和奥陶系—寒武系，上覆地层可能为第四系、新近系和白垩系。蓟县系铁岭组和雾迷山组普遍存在，构成这一地区的热储。虽然在东南部边缘存在奥陶系—寒武系，但因盖层厚度小，不能构成热储。

地热田的西南部位于大紫草坞南—官道西—东南召以西，研究程度也很低。其前中生代地层估计为蓟县系铁岭组和雾迷山组，其埋深为 1500～2000m，且可能从南向北逐渐变深。上覆地层估计为第四系、新近系和白垩系。

地热田深部地温最高处位于丰台-坨里迭凹陷中心，即北岗洼—云岗一带，3000m 深度地温可达 80℃以上；在良乡镇一带温度也较高，在 70℃以上；其他地区也推测可达 60℃以上。

5. 天竺地热田

天竺地热田位于东南城区地热田的东北，在构造上处于顺义迭凹陷的东南部，西南以太阳宫断裂为界，西北和东南分别以顺义-天竺断裂和南苑-通县断裂为界，东北部与李遂地热田相邻，面积为 290.75km²。

天竺地热田前中生代地层走向为北东向，从东南向西北依次为青白口系、蓟县系铁岭组、洪水庄组和雾迷山组。根据地质构造以及热储埋藏条件，可将天竺地热田划分为三部分，即地热田西南部、地热田西北部和孙河断裂东北部。

地热田西南部位于东风—金盏一线的东南地区，其热储由蓟县系铁岭组和雾迷山组构成。铁岭组分布于平房村东南—朝阳农场一线的东南地区，埋藏深度为 900～1000m；雾迷山组平均埋藏深度为 1200m，且表现出由南向北逐渐增大的趋势。该区盖层主要由第四系、新近系组成，部分地区发育白垩系和侏罗系。

地热田西北部位于东风—金盏一线的西北地区，是一个前中生界的凹陷区，其热储为蓟县系雾迷山组。在凹陷的中心热储埋藏最大，深度超过 2600m（京热-104 井），向西北、东南方向逐渐变浅，最浅小于 1702.5m（京热-93 井）。该区盖层由第四系、新近系、白垩系、侏罗系组成。

孙河断裂东北部，在孙河断裂以东，存在蓟县系铁岭组和雾迷山组热储。铁岭组只分布在该区的东南部靠近南苑-通县断裂的条带中，埋深一般小于 500m。而雾迷山组在全区均有分布，埋深为 400～1000m。在北部，雾迷山组上覆地层为新近系和第四系，南部仅存在第四系。

天竺地热田现有地热井出水温度为 50～79℃。地热田西南部 3000m 深度地温为 60～70℃，西北部为 70～75℃，孙河断裂以东均低于 70℃，甚至低于 55℃。

6. 沙河（京西北）地热田

沙河地热田位于东南城区地热田和小汤山地热田之间，呈东南-西北向条带状展布。沙河地热田处于西山叠拗褶内九龙山向斜西北翼向平原延伸的部分，其东北与东南边界分别为南口-孙河断裂与黄庄-高丽营断裂，西北边界为北东向的白浮断裂，西南边界为北西向的西沙屯-洼里断裂，面积约为 363.21km^2。

沙河地热田内地质构造复杂，研究程度比较低。已有地热井的深度比较大，均超过 2000m，开采热储大多为蓟县系雾迷山组，雾迷山组的埋深从西北向东南有变深的趋势。地热井的出水温度从西北向东南逐渐增高，除北部出水温度略高于 50℃ 以外，一般为 70℃ 左右。

7. 后沙峪地热田

后沙峪地热田位于顺义区后沙峪镇附近，面积约为 239.85km^2。在构造上处于北京迭断陷北部，地热田前中生代构造是以石炭—二叠系为核部，寒武—奥陶系、青白口系、蓟县系组成两翼的向斜。向斜轴总体走向北东，但受断裂影响，向斜的轴向与位置均有不同程度的错移。西部的北苑—来广营地区，基本上不存在向斜的西北翼。

后沙峪地热田揭露的热储为奥陶系和寒武系，推测蓟县系埋深可达 3000m 以上。在地热田的东北部，中生界埋深变浅，可小于 1500m，推测在 3500m 之内存在奥陶系、寒武系、铁岭组和雾迷山组热储。已有地热井开采奥陶系热储，出水温度均在 70℃ 以上，出水量大于 600m^3/d。盖层为侏罗系与第四系。

8. 双桥地热田

双桥地热田位于北京城区地热田以东和天竺地热田以南，在构造上处于大兴叠隆起西北部，北邻北京迭断陷，面积约为 339.00km^2。

地热田前中生界属于一个呈北东走向的向斜东南翼，其核部为奥陶—寒武系，翼部由青白口系和蓟县系构成。地层走向为北东向，倾向为北西向。主要热储为蓟县系，平均埋深约为1500m。盖层为第四系、寒武系和青白口系。已有地热井出水温度一般为50℃左右。

9. 凤河营地热田

凤河营地热田位于大兴区南部，与河北省相邻，面积约为262.51km²。该地热田西北以采育断裂为界，东部以永乐店-郎府西断裂为界，南部与河北省相邻。

地热田内主要热储为奥陶系、寒武系和蓟县系，其平均埋藏深度分别为2000m、2800m和3500m左右。盖层由第四系、新近系组成，厚度大于1500m，最大超过2500m。

地热田内3000m深度的地温大于75℃，且大部分大于80℃，是北京市深部地温最高的地区之一。2010年首次开凿出3600m深的地热井，出水温度最高达到了103℃，日出水量逾1500m³，日自流水量近800m³。2011年12月成井的地热井，深度为3356m，探获日自流量为3002.5m³，温度高达118.5℃，自流地热水汽混合流体，其同时刷新了北京市地热资源勘查的地热流体自流流量、温度和自喷压力三项历史纪录。目前，凤河营地热田成为北京市地热资源潜力最丰富的地热田，将来会实现"热、电、冷"联产且系统零能耗运行。

10. 延庆地热田

延庆地热田分布面积约为121.88km²，主要热储为蓟县系雾迷山组白云岩，埋藏深度一般小于2500m，地热井出水温度为45～70℃，单井日出水量约为2000m³。由于延庆地热田处于延庆盆地的中部，独特的地理位置使得该地热田内所有地热井均自流，最大自流热水头高度达地面以上40m，日最大自流量达3000m³。

地热资源的开发方式包括温泉和地热井。温泉是地热资源从地下自然涌出，出露于地表，可以直接利用。而目前大部分的地热温泉资源，都是依靠人工开凿地热井，将地下深处的地热资源转移到地上，再进行利用。

《北京泉志》（北京市水文地质工程地质公司，1983）中共记载泉点1347处，依温泉的原始定义（大于当地年平均气温者）计算（北京地区年平均气温，平原区为11～12℃，延庆盆地为8℃，取其近似值15℃），大于15℃的泉（含15℃）共168处，有的地区温泉成群出露（如小汤山及小汤山周围）；大于18℃的泉（含18℃）共50处；大于20℃的泉共17处。

依《地热资源地质勘查规范》（GB/T 11615—2010）规定，按大于25℃统计，全市范围有温泉7处，比较著名的温泉有昌平小汤山温泉、延庆佛峪口温泉和海淀温泉村温泉，此外还有密云古北口温泉、密云北碱厂温泉、延庆汉家川温泉、怀柔塘泉沟（帽儿山）温泉，详细介绍见附录1。从地理位置上看，上述7处大于25℃的泉水均出露在西北部山区及山区与平原的过渡地带。目前只有处于山区的佛峪口温泉、古北口温泉、北碱厂温泉、塘泉沟温泉依然存在，温泉水温基本上无大变化。其余温泉已经先后干涸。

截至2013年，北京市共投入地热勘查钻井563眼，分属200多个单位，累计钻井总进尺为1084741.49m，地热钻井平均深度为1926.72m，最大深度已超过4251m，各区典型地热井详细介绍见附录2。

根据《地热资源地质勘查规范》（GB/T 11615—2010），按照地热田温度、热储形态、规模和构造的复杂程度，北京属中低温地热田Ⅱ-1型，钻探孔及生产井开采阶段单孔可控制面积小于$10km^2$/个，即钻孔分布密度大于 0.1 个/km^2。北京市十个地热田内共有各类地热井 530 个，地热田外各类地热井 33 个（图 3-7），其中钻孔分布密度最大的为东南城区地热田，达 0.59 个/km^2，小汤山地热田各类地热井分布密度为 0.51 个/km^2，各类地热井分布密度远远大于生产开采阶段密度（表 3-3）。由于各地热田地热井分布比较集中，实际钻孔分布密度远远大于计算值。

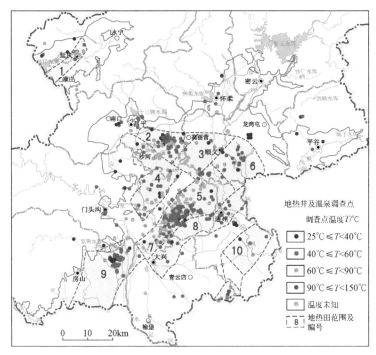

图 3-7　北京市地热地质调查地热井和温泉分布图

表 3-3　地热井分布密度一览表

编号	地热田	地热田面积/km^2	井数/个	密度/（个/km^2）
1	延庆	121.88	26	0.21
2	小汤山	186.42	96	0.51
3	后沙峪	239.85	22	0.09
4	沙河（京西北）	363.21	60	0.17
5	天竺	290.75	58	0.20
6	李遂	273.04	31	0.11
7	东南城区	207.44	123	0.59

编号	地热田	地热田面积/km²	井数/个	密度/（个/km²）
8	双桥	339	39	0.12
9	良乡	475.77	60	0.13
10	凤河营	262.51	15	0.06
11	热田外		33	
合计			563	

3.4　地热流体水化学特征

地热水孕育和贮存在热储中，这与常温地下水贮存在普通含水层中具有截然不同的地球化学环境。特定的地球化学环境造就了特定的地下热水，而不同的地热田既有共性，也有差异。利用其研究成果可以圈定地热异常，探索地热流体的来源、成因、年龄，预测深部热储温度，研究水岩平衡所指示的与地热地质条件相关的信息。

3.4.1　地热水化学类型

北京市地热水在深层水文循环中，在高温高压下不断地与地层之间发生着物理、化学变化，这些变化的结果使地热水中蕴含了大量的矿物质。北京地热水的水质良好，具有以下五大特征：①绝大部分地热井水中氟及偏硅酸含量达到医疗价值标准，有的达到了命名浓度；②部分井地热水中偏硼酸含量达到医疗价值标准，个别达到了命名浓度；③部分地热水中有硫化氢味，少部分达到矿水浓度；④个别井水中氡、镭、碘达到了命名标准；⑤大部分地热井水中矿化度小于1g/L，属于淡温泉水，北京地区的地热水一般属于微硬或软水。北京市热储分布广泛，地温存在多处异常区，地热水水质优良，多数地热井的氟、偏硅酸、偏硼酸的含量达到医疗矿泉水的标准，在医疗保健、娱乐健身等开发项目中发挥着其独特的优势。

3.4.1.1　地热水化学类型

地下热水赋存在地下深部的热储内，在此特定的地球化学环境中，沉积盆地热储通常是 HCO_3-Na 型水。这与山区断裂带型温泉的 SO_4-Na 型水和深层油田水的 Cl-Na 型水，以及地表水和浅层地下水的 HCO_3-Ca 型水或 HCO_3-Mg 型水都明显有别。但沉积盆地热储的 HCO_3-Na 型水在不同的热田和不同的热储又有细微的差异。同一个地热田地热水有相近的水化学类型，然而与其他地热田相比，或许有部分的重叠，但总有一定的差异。

北京市地热水的水化学类型自北部山区向南部平原依次可划分为 SO_4-Na 型、HCO_3-Na 型和 Cl-Na 型（图3-8），其中基岩冷地下水大多属于 HCO_3-Ca 型。

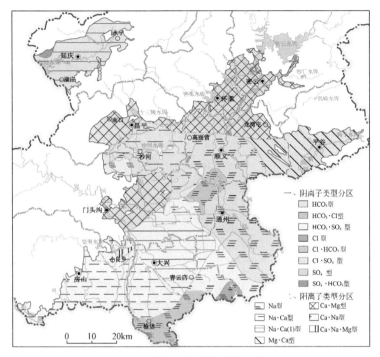

图 3-8 北京市地热水化学类型分区图

北部地区地热井及山区温泉，包括延庆及怀柔北部，基本上为 SO_4-Na 型水（如佛峪口温泉、北碱厂温泉），少量温泉及靠近山边的第四系冲积层中的地热水由于受到浅层地下水影响，呈现出 $HCO_3 \cdot SO_4$-Na 型水（塘泉沟温泉）或 $SO_4 \cdot HCO_3$-Na 型水。此类热水的 pH 多为 7.7 ~ 9.2，呈弱碱性至碱性，溶解固体总量多为 0.23 ~ 0.67g/L。

北京断陷及延庆断陷地热水整体上属于 HCO_3-Na 型水。不同地热田地热水由于所处地质构造单元不同，地热地质及水文地质条件不同，其水化学类型出现了不同的亚型。在较封闭的条件下，地下水处于还原环境，地下水径流交替比较缓慢，热水中氯离子含量较高，出现了 $Cl \cdot HCO_3$-Na 型水和 $HCO_3 \cdot Cl$-Na 型水，如东南城区地热田京热-38 井及天竺地热田的京热-155 井、京热-159 井和京热-169 井等地热井。当地下热水向浅部运移时，与冷水之间的混合作用，以及热水中 H_2S 在浅部的氧化作用，使地热水中的氯离子得到稀释，硫酸根离子浓度增加，因而出现 $HCO_3 \cdot SO_4 \cdot Cl$-Na（汤热-50 井等）、$HCO_3 \cdot SO_4$-Na（京热-140 井、兴热-6 井等）、$HCO_3 \cdot SO_4$-Na $\cdot$ Ca（良热-33 井、来热-2 井等）等亚型水，如东南城区、小汤山、良乡及沙河地热田。这些亚型都属于 HCO_3-Na 型这一大类，称为过渡型或混合型。此类热水 pH 多为 7.1 ~ 8.2，呈中性或弱碱性，溶解固体总量为 0.3 ~ 0.7g/L。天竺地热田溶解固体总量整体稍高，如京热-155 井、京热-159 井和京热-169 井溶解固体总量分别为 2.73g/L、1.11g/L、1.52g/L，京热-38 井溶解固体总量为 2.0g/L。

位于大兴隆起的凤河营地热田处于北京市平原区边缘，整体上属于 Cl-Na 型水，地热田目前有桐热-7 井、兴热-9 井、兴热-12 井等地热井，与华北油田基岩热储中的地下热水属于同一类型，pH 在 7.2~7.8，偏弱碱性，溶解固体总量为 6.7~7.5g/L。在凤河营北部为 $HCO_3 \cdot Cl\text{-}Na$ 型水，如兴热-2 井。其中桐热-7 井、兴热-9 井溶解固体总量分别为 7.5g/L、6.7g/L。

北京各地热田具有代表性的地下热水水化学类型见表 3-4、图 3-9。

表 3-4　北京市各地热田地下热水水化学类型

地热井编号		水化学类型	备注
延庆地热田	佛峪口温泉	$SO_4\text{-}Na$	北部山区基本上为 $SO_4\text{-}Na$ 型水，延庆断陷地热水整体上属于 $HCO_3\text{-}Na$ 型水
	胡农-1	$SO_4 \cdot HCO_3\text{-}Na \cdot Ca$	
	庆-2	$HCO_3\text{-}Na$	
小汤山地热田	汤热-1	$HCO_3\text{-}Na \cdot (Ca)$	热田北部较浅的热储基本为 $HCO_3\text{-}Na \cdot Ca$ 型，热田南部较深的热储 Ca 含量更少，为 $HCO_3\text{-}Na \cdot (Ca)$ 型水
	汤热-14	$HCO_3\text{-}Na \cdot Ca$	
	汤热-4	$HCO_3\text{-}Na \cdot Ca$	
	汤热-17	$HCO_3 \cdot (SO_4)\text{-}Na \cdot Ca$	
	汤热-30	前 $HCO_3\text{-}Na \cdot (Ca)$，今 $HCO_3\text{-}Na \cdot Ca$	
	汤热-31	$HCO_3\text{-}Na \cdot (Ca)$	
	饲热1	$HCO_3\text{-}Na \cdot Ca$	
	汤热-28	$HCO_3 \cdot SO_4\text{-}Na \cdot Ca$	
后沙峪地热田	顺后热-1	$SO_4 \cdot HCO_3\text{-}Na \cdot Ca$	$SO_4 \cdot HCO_3\text{-}Na$ 型为主
	顺后热-8	$SO_4 \cdot HCO_3\text{-}Na$	
	顺后热-4	$HCO_3\text{-}Na \cdot Ca \cdot Mg$	
西北城区（沙河）地热田	地1	$HCO_3\text{-}Na \cdot Ca$	阳离子以 Na^+、Ca^{2+} 为主，有时 Ca^{2+} 离子浓度多于 Na^+；阴离子以 HCO_3^- 为主，有时含有 SO_4^{2-}
	沙热-5	$HCO_3\text{-}Na \cdot Ca$	
	沙热-6	$HCO_3\text{-}Ca (Na)$	
	沙热-7	$HCO_3 \cdot (SO_4)\text{-}Na \cdot Ca$	
天竺地热田	顺热-1	$HCO_3 \cdot Cl\text{-}Na$	阳离子以 Na^+ 占绝对优势，阴离子以 HCO_3^- 为主，有时含有 Cl^-
	顺热-2	$HCO_3 \cdot Cl\text{-}Na$	
	京热-61	$HCO_3\text{-}Na$	
	京热-78	$HCO_3 \cdot Cl\text{-}Na$	
	京热-169	$HCO_3 \cdot Cl\text{-}Na$	
	京热-166	$HCO_3\text{-}Na$	
李遂地热田	遂热-1	$HCO_3\text{-}Na$	多为 $HCO_3\text{-}Na$ 型，偶有 $HCO_3 \cdot (Cl)\text{-}Na$ 型水
	遂热-10	$HCO_3\text{-}Na$	
	遂热-14	$HCO_3 \cdot (Cl)\text{-}Na$	
	208-4	$HCO_3\text{-}Na$	

续表

地热井编号		水化学类型	备注
李遂地热田	遂热-9	HCO_3-Na	多为 HCO_3-Na 型, 偶有 HCO_3·(Cl)-Na 型水
	遂热-8	HCO_3-Na	
东南城区地热田	京热-2	HCO_3·SO_4-Na·Ca	阳离子在坨里–丰台迭凹陷东南翼的较深部位以 Na^+ 为主, 较浅部位 Ca^{2+} 增加, 变为 Na·(Ca) 型为主, 凹陷中心及西北翼 Ca^{2+} 更多, 以 Na·Ca 型为主 阴离子在凹陷较浅部位以 HCO_3·(SO_4) 为主, 在凹陷较深部位及西北翼 SO_4^{2-} 含量更多, 成为 HCO_3·SO_4 型, 在凹陷较深部位 Cl^- 含量也较高
	京热-8	HCO_3·SO_4-Na·Ca	
	京热-9	HCO_3·(SO_4)-Na	
	京热-15	HCO_3·(SO_4)-Na	
	京热-16	HCO_3·(SO_4·Cl)-Na	
	京热-17	HCO_3·(SO_4)-Na	
	京热-20	HCO_3·SO_4·(Cl)-Na	
	京热-24	HCO_3·(SO_4)-Na	
	热轧-1	HCO_3·(SO_4)-Na·(Ca)	
	京热-30	HCO_3·(SO_4)-Na·(Ca)	
	京热-35	HCO_3·(SO_4)-Na	
	京热-42	HCO_3·(SO_4)-Na·(Ca)	
	京热-59	HCO_3·SO_4-Na·Ca	
	京热-62	HCO_3·(SO_4)-Na·(Ca)	
	京热-63	HCO_3-Na·Ca	
	京热-65	HCO_3·(SO_4·Cl)-Na·(Ca)	
	京热-81	HCO_3·SO_4-Na·Ca	
	京热-89	HCO_3·SO_4-Na·Ca	
双桥地热田	京热-58	HCO_3·(Cl)-Na	阳离子以 Na^+ 为主, 阴离子以 HCO_3^- 为主
	京热-87	HCO_3·(SO_4)-Na·(Ca)	
	兴热-8	HCO_3-Na·Ca	
	兴热-3	HCO_3-Na	
	通热-3	HCO_3-Na	
	通热-7	HCO_3-Na	
	通热-10	HCO_3-Na	
良乡地热田	良热-1	HCO_3·(SO_4)-Ca·Na	阳离子以 Ca^{2+}、Na^+ 为主或以 Na^+、Ca^{2+} 为主, 有个别含有较高 Mg^{2+}, 阴离子主要以 HCO_3^-、SO_4^{2-} 占优势
	良热-2	HCO_3·(SO_4)-Ca·Na	
	良热-3	HCO_3·(SO_4)-Ca·Na	

续表

地热井编号		水化学类型	备注
良乡地热Ⅲ	良热-17	$HCO_3 \cdot SO_4 - Ca \cdot Na$	阳离子以 Ca^{2+}、Na^+ 为主或以 Na^+、Ca^{2+} 为主,有个别含有较高 Mg^{2+},阴离子主要以 HCO_3^-、SO_4^{2-} 占优势
	京热-96	$HCO_3 \cdot SO_4 - Ca \cdot Na$	
	梅热-1	$HCO_3 \cdot SO_4 - Ca \cdot Na$	
	B-1	$HCO_3 \cdot SO_4 - Na \cdot Ca$	
	B-2	$HCO_3 \cdot SO_4 - Ca \cdot Na \cdot (Mg)$	
	良热-36	$HCO_3 \cdot SO_4 - Na \cdot Ca$	
	良热-25	$HCO_3 \cdot SO_4 - Na \cdot Ca$	
凤河营地热Ⅲ	桐热-7	Cl-Na	南部为典型的 Cl-Na 型水,北部为 $HCO_3 \cdot$ Cl-Na 型水
	兴热-9	Cl-Na	
	兴热-2	$HCO_3 \cdot$ Cl-Na	
北京浅层地下水	汤-1	HCO_3-Ca	以 HCO_3-Ca 或 HCO_3-Mg 型水为主,在南部边缘为 HCO_3-Na 或 $HCO_3 \cdot (Cl)$-Na 型水
	汤-2	HCO_3-Ca $\cdot (Mg)$	
	西山冷水	HCO_3-Ca $\cdot (Mg)$	
	采育-1	HCO_3-Na	
	采育-4	$HCO_3 \cdot (Cl)$-Na	

注:水质类型以离子的毫克当量大于30%为准,带括号为毫克当量25%~30%。

3.4.1.2 特殊组分

北京市平原区地热水含有一些特殊组分,如氟、偏硅酸、偏硼酸、硫化氢等含量显著高于常温(冷)地下水,具体医疗热矿水水质标准及特殊组分见表3-5和表3-6。

表3-5 医疗热矿水水质标准

成分	有医疗价值浓度	矿水浓度	命名矿水浓度	矿水名称
二氧化碳/(mg/L)	250	250	1000	碳酸水
总硫化氢/(mg/L)	1	1	2	硫化氢水
氟/(mg/L)	1	2	2	氟水
溴/(mg/L)	5	5	25	溴水
碘/(mg/L)	1	1	5	碘水
锶/(mg/L)	10	10	10	锶水
铁/(mg/L)	10	10	10	铁水

续表

成分	有医疗价值浓度	矿水浓度	命名矿水浓度	矿水名称
锂/(mg/L)	1	1	5	锂水
钡/(mg/L)	5	5	5	钡水
偏硼酸/(mg/L)	1.2	5	50	硼水
偏硅酸/(mg/L)	25	25	50	硅水
氡/(Bq/L)	37	47.14	129.5	氡水
温度/℃	≥34			温水
矿化度	<1000			淡水

表 3-6 北京平原区各地热田地热水特殊组分含量

地热田	氟 /(mg/L)	偏硅酸 /(mg/L)	偏硼酸 /(mg/L)	硫化氢 /(mg/L)	总铁 /(mg/L)	氡 /(Bq/L)
延庆地热田	5.20~19.00	33.00~61.20	0.94~1.04	0.05~0.37	0.004~1.32	0.48~5.13
小汤山地热田	2.60~11.80	22.90~59.79	0.08~1.00	0.05~0.37	0.052~3.50	2.01~5.04
后沙峪地热田	1.45~6.00	21.70~68.70	4.60~14.00	0.17~0.22	0.04~4.60	
西北城区地热田	1.05~7.64	12.20~74.10	0.40~1.20	0.05~0.54	0.04~1.14	0.66~7.29
天竺地热田	1.94~19.00	24.30~68.60	1.04~52.00	0.05~14.00	0.09~1.08	0.45~2.96
李遂地热田	7.60~11.60	25.20~31.70	0.52~4.60	0.05~0.09	0.36~2.20	0.46~3.87
东南城区地热田	1.40~11.80	20.00~129.00	0.008~9.40	0.05~4.10	0.052~8.40	0.256~40.10
双桥地热田	4.50~12.60	16.40~39.90	0.49~5.00	0.11~5.39	0.12~1.28	1.65~3.05
良乡地热田	3.80~5.80	18.80~59.70	0.08~0.80	0.05~0.33	0.19~11.80	2.93~8.13
凤河营地热田	3.50~8.40	24.00~70.00	2.10~72.00	0.05~5.03	0.04~2.00	2.13~2.49
西山冷水	0.76	13.10	<0.04	<0.05		

注：空白为无检测资料。

北京市基岩地下冷水氟含量大都在1.0mg/L以下，但是所有地下热水氟含量明显都较高，这是地热水最典型的标性组分。北京市东南城区地热水含氟量一般在4~7mg/L，沿着丰台迭凹陷往西南（良乡）降低至3~6mg/L，沿着凹陷轴向东北（天竺、李遂）升高至7~11mg/L；沿着凹陷垂向轴往北略降（沙河1~5mg/L）、在小汤山略降（6~10mg/L）；沿着凹陷垂向轴往南（双桥、凤河营）则略微升高（6~8mg/L）。

地热水中的偏硅酸含量往往较基岩冷水高。北京西山（石景山五里坨）基岩冷水偏硅酸含量仅为13.1mg/L，而热水井偏硅酸含量一般都在20mg/L以上，最高达129mg/L。东南城区偏硅酸一般为 20~70mg/L，在靠近丰台迭凹陷中心的帝京花园热水井偏硅酸达到 62.5mg/L。由东南城区往北（沙河、小汤山）整体上略有上升，为 20~60mg/L；往其他地方均为下降，大体为 24~45mg/L，只有在凤河营达到 70mg/L。

地下热水中的偏硼酸含量也大大高于地下冷水。硼代表深源成因的物质，东南城区地热水偏硼酸含量一般在 2~9mg/L；在丰台迭凹陷的西北翼含量低，一般为 0.08~0.80mg/L，其他地热田总体水平低于城区地热田，为 0.2~5mg/L，但是天竺地热田在首都机场达到 52mg/L，在凤河营达到 72mg/L。然而，北京西山基岩冷水深井偏硅酸小于 0.04mg/L，这也说明地下热水比地下冷水经历了更深的地下循环。

硫化氢是代表还原环境的组分，地热水通常深埋于封闭的地下还原环境，故地热水硫化氢含量明显高于地下冷水。北京西山基岩冷水硫化氢含量小于 0.05mg/L，而地下热水通常硫化氢含量大于 0.05mg/L，东南城区地热水在丰台迭凹陷东南翼较深部位含硫化氢高达 1.81~8.4mg/L；其他地热田一般为 0.05~0.54mg/L；仅凤河营相对较高达到 5.03mg/L。

1. 延庆地热田

热田北部温泉溶解固体总量多为 297~627mg/L，整体上从北东往南西有降低趋势。

2. 小汤山地热田

小汤山地热田地处南口-孙河断裂与黄庄-高丽营断裂交会的三角地带，其北部地区蓟县系直接埋藏于第四系以下，主要热储为蓟县系雾迷山组，而热田南部地区蓟县系埋深急剧加深，因此寒武系也可作为热储。该热田北部蓟县系雾迷山组热水溶解固体总量为 352~2170mg/L，呈明显的由北西至南东递增的规律。热田地热水呈现明显的由北西至南东的冷水补给径流特征。

3. 后沙峪地热田

该地热田溶解固体总量多为 446~1690mg/L，整体上沿郑各庄-孙河断裂自北西往南东逐渐降低。

4. 西北城区地热田

该地热田溶解固体总量多为 341~918mg/L，整体上沿郑各庄-孙河断裂西侧自北西往南东逐渐降低。

5. 天竺地热田

天竺地热田在构造单元上位于北京迭断陷的东北段，位于北京市东部发展带上。

6. 李遂地热田

李遂地热田在构造单元上位于北京迭断陷的东北段。

7. 东南城区地热田

该地热田位于北京迭断陷的中段，东北部以太阳宫断裂为界，西南部以永定河断裂为界，地热资源的开发时间较久，地热井资料丰富。

8. 双桥地热田

双桥地热田从构造上位于大兴迭隆起东部紧邻北京迭断陷一侧，地处北京市东部发展带，这一地区在近年来新施工了十几口地热井。

9. 良乡地热田

良乡地热田在构造上处于北京迭断陷西南段，目前地热井较多，该地热田溶解固体总量一般为483～864mg/L，显示出由北西向南东的平行递增—递减规律，在良乡地热田西北部的良热灌-6井和京热-164井分别达到864mg/L、695mg/L；中部的良热-21井和良热-26井分别为633mg/L和629mg/L；西南部的良热-35井仅为583mg/L。

10. 凤河营地热田

该地热田溶解固体总量多为446～1690mg/L；氟含量为3.50～8.40mg/L；偏硅酸浓度多为24.0～70.0mg/L；偏硼酸浓度多为2.10～72.00mg/L；硫化氢浓度多为0.05～5.03mg/L；总铁浓度多为0.04～2.0mg/L；氡含量多为2.13～2.49Bq/L。

3.4.1.3　地热水的组分比例

热水中的SiO_2含量来自石英、玉髓等矿物的溶解，它们的溶解度与温度有关，温度越高，溶解度越大，因此深部热源水中的SiO_2含量较高。偏硼酸和硫化氢是反映深部还原环境特征的化学组分，天竺和凤河营地热田地热水的化学类型多为$Cl \cdot HCO_3$-Na和Cl-Na型，是比较封闭的还原环境，因此偏硼酸的含量较高。地下热水中氟来源于萤石（CaF_2）在热水中的溶解，其溶解度与温度成反比。北京市的地热水属于中低温地热，均含有一定量的氟，氟含量与温度之间的反比关系在北京市地热水中的反映并不典型，这主要与地热田的水动力条件有关。水动力条件好，与冷水联系较为密切的地区，氟容易被稀释，如良乡地热田的地热水受冷水补给较多，氟含量最低。反之在较封闭的滞留条件下，氟便被富集起来，如凤河营、天竺、李遂地热田。

地热水的组分比率受到蒸发浓缩或冷水稀释的影响较小，因此当地热水受到冷水补给时其中的标性元素和组分会受到稀释的影响，但是它们之间的比率很少受到干扰，它更能显示地热地球化学的内涵。在北京市中低温地热田规律较明显的比率有Na/K、Cl/F、Cl/B、Cl/SiO_2四种。

1. Na/K

Na/K的低比值反映了存在水的高温条件。北京市平原区各地热田地下热水的Na/K值70%左右在20以下，10%左右在20～30。最低Na/K值为4.77的京热-173井出水温度为69℃。其他相对较低的比值出现在东南城区地热田的良乡-前门断裂附近，如东南城区的京热-59井。而相对较高Na/K值出现在凹陷中热储埋藏相对较浅或靠近断裂的附近，如京热-63井、京热-15井。丰台迭凹陷内及其以北各地热田的比值相近且比较低，凹陷以南的凤河营地热田和双桥地热田Na/K值较高。由此可见，北京市平原各地热田的热量都源于凹陷深部，而热田开采后增加的冷水补给则主要来自某些断裂。

2. Cl/F

若有较冷的水进入热储，热水的Cl/F值通常会降低，主要由于氟化钙在低温时溶解度增加而使氟离子增多，而在高温时氟、钙离子结合成氟化钙沉淀。凤河营热田由于地下水属于Cl-Na型热水，其氯化物含量特别高而使Cl/F值最高。东南城区地热田和天竺地热田的 Cl/F 值相对较高，良乡次之，小汤山、李遂、双桥、城西北、后沙峪热田相对较低。

3. Cl/B

相同起源或成因的地下热水具有相同的 Cl/B 值。北京市各地热田的 Cl/B 值各不相同，良乡地热田最高，东南城区、小汤山、沙河、双桥及凤河营热田次之，李遂和天竺地热田相对较低，后沙峪更低。这也说明这些地热田在成因上略有差异。但是东南城区、小汤山、双桥、沙河、凤河营的 Cl/B 值相对比较接近，其成因上有相似之处。在东南城区地热田内，位于凹陷轴部中心的 Cl/B 值相对较低，至凹陷东南翼上 Cl/B 值中等，在凹陷西北翼最高，这也说明它们在成因上还有一定的差异。

4. Cl/SiO₂

Cl/SiO$_2$ 值的降低也反映了地下热水与较低温度水的混合。凤河营地热田的水化学类型为 Cl-Na 型，氯化物含量高而使 Cl/SiO$_2$ 的值呈现最高。其他地热水 Cl/SiO$_2$ 的规律与 Cl/F 相似。20 世纪 70~80 年代的资料显示东南城区的 Cl/SiO$_2$ 值相对较高，普遍在 3.0~6.7，到 90 年代末其比值为 0.8~5.5，这也许有地热田范围较前扩大的影响，一些周边的热水井可能受冷水补给比例略高，但也指示出随着东南城区地热田的开采，而增加了地下冷水往热田的补给比例。天竺和西北城区地热田有较高的比值，李遂和双桥地热田次之，良乡、后沙峪次之，小汤山热田最低。

北京市平原区各地热田地下热水组分比值见表 3-7。

表 3-7　北京市平原区各地热田地下热水组分比值

地热田	Na/K	Cl/F	Cl/B	Cl/SiO₂
延庆地热田	15.21~20.86	1.16~4.67	13.43~15.06	1.17~3.80
小汤山地热田	8.91~97.39	1.71~17.78	6.08~73.56	0.58~2.09
后沙峪地热田	8.19~16.02	2.58~11.95	2.91~9.53	1.29~6.82
西北城区地热田	5.40~11.39	0.88~16.92	7.99~82.20	0.34~38.70
天竺地热田	8.26~73.48	1.64~19.51	8.43~24.99	0.34~26.92
李遂地热田	15.87~18.82	2.53~3.79	14.54~38.09	3.14~4.35
东南城区地热田	7.26~40.46	1.90~41.77	3.89~61.34	0.22~11.77
双桥地热田	17.24~54.86	0.50~6.31	1.52~32.45	1.23~5.06
良乡地热田	9.75~16.88	2.98~28.16	22.92~261.10	1.32~6.54
凤河营地热田	21.34~23.43	4.96~297.57	11.39~68.88	5.98~96.80
西山冷水	27.42	435.37	9.10	1.82

3.4.1.4　地球化学温标

各种地球化学温标建立的基础是地热流体与矿物在一定温度下达到化学平衡，在随后地热流体温度降低时，这一平衡仍予保持。对温泉和地热井都可以利用地球化学温标来估算热储温度，预测地热田潜力。

选用各种化学成分、气体成分和同位素组成而建立的地热温标类型很多，本次研究主要选用钾镁地热温标和石英传导温标。钾镁温标适用于中低温地热田，石英传导温标可以说明该部分地下水曾经达到过的最高温度。

1. 无蒸汽损失的石英传导温标

热水中的二氧化硅是由热水溶解石英所形成，这部分热水在其达到取样点（泉口或井口）时没有沸腾，可选用式（3-1）计算：

$$t = 1309/(5.19 - \lg c_1) - 273.15 \tag{3-1}$$

式中，t 为热储温度，℃；c_1 为热水中溶解的 H_4SiO_4 形式的 SiO_2 含量，mg/L。

2. 钾镁地热温标

钾镁地热温标热储温度可用式（3-2）计算：

$$t = 4410/\left[13.95 - \lg\left(c_2^2/c_3\right)\right] - 273.15 \tag{3-2}$$

式中，c_2 为水中钾的浓度，mg/L；c_3 为水中镁的浓度，mg/L。

式（3-2）代表不太深处热储中的热动力平衡条件，适用于中低温地热田。

北京市各地热田的两种地球化学温标及实测温度值见表3-8。

表3-8　北京市各地热田的两种地球化学温标及实测温度　　　（单位：℃）

地热田	钾镁温标	石英传导温标	实测温度
延庆地热田	55.0～92.4	90.3～111.5	46.0～71.0
小汤山地热田	38.13～102.0	68.6～108.6	30.5～70.0
后沙峪地热田	42.9～92.2	66.5～117.2	32.5～85.0
西北城区地热田	59.2～81.2	63.4～121.1	35.2～76.0
天竺地热田	48.3～114.0	70.9～117.2	42.5～75.0
李遂地热田	46.3～74.3	72.4～81.7	22.0～55.0
东南城区地热田	43.1～107.8	60.5～119.1	30.6～88.0
双桥地热田	40.2～65.1	57.4～91.5	28.0～58.0
良乡地热田	52.5～62.9	61.1～110.3	31.5～72.0
凤河营地热田	66.9～136.6	70.5～154.2	46.0～118.5
西山冷水	21.1	48.3	14

　　当地热井出水温较低时，用钾镁地热温标计算的温度一般高于热水井的出水温度，当地热井出水温度较高时，钾镁温标可能低于出水温度，所以钾镁温度被认为是钻探可及温度，即当地热井出水温度较低时继续往深钻进有可能达到的温度。东南城区地热田的温度大多数为 55 ~ 65℃，比实测的温度高 5 ~ 10℃，但靠近凹陷中心的中山公园的钾镁温度为 82.5℃，比井口温度高 12℃，其他地热田均为类似的情况。

　　用石英传导温标计算的温度一般高于热水井的出水温度，多数高 10 ~ 20℃，有时高 30℃，如兴-9 地热井石英传导温度比实际温度高 36℃，它通常不作为钻探期望温度，而只说明该地下热水在地下深循环过程中曾经达到过的温度。地下热水在深部地球化学环境中溶解的二氧化硅服从石英的溶解度曲线，温度越高二氧化硅的溶解度越大；但这部分热水在温度下降时暂时不会将多余的二氧化硅过饱和析出（必须达到非晶质二氧化硅的溶解度时才呈过饱和析出），因此地热水都有"记忆"其曾经达到温度的功能。东南城区地热田的石英传导温度大致为 60.5 ~ 107.8℃，比实测温度高 10 ~ 20℃；但是靠近凹陷中心中山公园地热井和丰台帝京花园地热井石英传导温度分别为 101.8℃ 和 112.6℃。据此，东南城区地热田的最高温度应位于凹陷中心，即热储埋深较大的地方。

3.4.2　地热水同位素特征

3.4.2.1　氢氧同位素的组成

　　氢和氧是自然界的两种主要元素，它们以单质和化合物的形式遍布全球。组成水的氢和氧元素不仅是参与自然界各种化学反应和地质作用的重要物质成分，而且也是自然界各种物质的运动、循环和能量传递的主要媒介物。在地壳中，氧的丰度为 46.6%，氢的丰度为 0.14%（李娟，2008），虽然很小，但是常常以 OH^- 的形式出现在硅酸盐岩石矿物中。氢在大气圈中含量仅为二百万分之一，而氧却占整个大气的 21%。氢和氧也是生物圈的最基本的物质组成及各种生物赖以生存的基础，同位素技术是研究地下水资源属性的重要有效工具（杨湘奎，2008；文东光，2002）。

　　氢有两种稳定同位素：^1H 和 ^2H（D），它们的天然平均丰度为 99.9844% 和 0.0156%，彼此间相对质量相差最大，因而同位素分馏特别明显。

　　氧有 3 种主要的稳定同位素：^{18}O、^{17}O、^{16}O，它们的平均丰度分别为 0.200%、0.038%、99.762%，^{16}O 和 ^{18}O 丰度较高、彼此间的质量差较大，易于分馏，所以在地学研究中大都使用 $^{18}O/^{16}O$ 值。

3.4.2.2　氢、氧稳定同位素

1. 大气降水方程

不同来源的水其氢、氧稳定同位素组成也有所不同，如表 3-9 所示。

表 3-9　不同来源水的氢、氧同位素组成

	岩浆水	同生水	变质水	海水	雨水
$\delta D/‰$	$-80 \sim -30$	$-5 \sim -2$	$-65 \sim -20$	$-20 \sim +20$	$-160 \sim -30$
$\delta^{18}O/‰$	$+7.0 \sim 9.5$	$-4 \sim +5$	$+5 \sim +25$	$-2 \sim +3$	$-17 \sim +5$

一般大气降水的 δD 的变化范围为$-160‰ \sim -30‰$，$\delta^{18}O$ 的变化范围为$-17‰ \sim +5‰$，并且 δD 和 $\delta^{18}O$ 之间呈线性变化，且大多数地区大气降水的 δD 和 $\delta^{18}O$ 为负值。大气降水氢、氧稳定同位素组成的分布很有规律，它主要受蒸发和凝结作用所制约。

温度效应：大气降水的平均同位素组成与当地气温存在正相关的关系。

纬度效应：大气降水的平均同位素组成与纬度的变化存在正相关的关系。从低纬度到高纬度，降水的重同位素逐渐贫化。

高度效应：大气降水的平均同位素组成随地形高程的增加而降低。

大陆效应：大气降水的平均同位素组成随远离海岸线而逐步降低。

降水量以及季节效应：降水中 $\delta^{18}O$ 常随季节发生周期性的变化，一般冬季大，夏季小。$\delta^{18}O$ 会随着温度的升高、蒸发量的增大而逐渐增大。$\delta^{18}O$ 与当地的降水量也存在某种相关关系，降水量越大，$\delta^{18}O$ 值越低。

Craig（1961）根据全球降水资料，通过统计分析建立了全球大气降水线方程，又称为 Craig 方程：

$$\delta D = 8\delta^{18}O + 10 \tag{3-3}$$

通过对我国大陆许多地区的大气降水的氢、氧同位素的统计分析（郑淑惠，1983；张理刚，1995；刘东生等，1987），建立了我国的大气降水线，为判断地下水补给来源、蒸发损失和混合等提供了依据：

$$\delta D = 7.9\delta^{18}O + 8.2 \tag{3-4}$$

近年来，国内对地热水的补给来源研究很多，潘小平和王治（1999）利用氢、氧同位素判断小汤山地热田地热水来源，温煜华等（2010）利用氢、氧同位素判断天水及其南北地区地热水来源，吕金波等（2006）通过测定热水中的稳定同位素 ^{18}O、^2H 和放射性同位素 ^3H、^{14}C 研究地热水的成因、年龄以及补给来源等。

2. 利用氢、氧稳定同位素确定补给区温度和补给高程

大气降水的氢、氧稳定同位素组成具有高度效应，同位素数值随地形高程的增加而减少，据此可利用公式确定补给区的高程（张保建等，2010）。国内对地下热水补给来源的研究很多，朱家玲等（2008）、朱命和等（2005）对中国地热水中的 $\delta^{18}O$、δD 研究后指出，中国地热水的主体属于大气水起源的循环水。孙占学等（1992）根据庐山温泉的 $\delta^{18}O$、δD 同位素组成，计算出该区地热水补给高度在 1100m 左右。

当海拔较高时，平均气温降低，降水中的同位素减少。对 ^{18}O 来说，高度每升高 100m，$\delta^{18}O$ 减少量为$-0.5‰ \sim -0.15‰$，δD 的变化量为$-4‰ \sim -1‰$，这就是高度效应。

研究区温泉的地下热水来源于大气降水，利用 δ 值的高度效应（大气降水的 δ 值随地形高程增加而降低）可以计算出温泉补给区的海拔。

方法①，根据中国大气降水的高程效应公式，可以推测地下水的补给区的位置和高度：

$$\delta D = -0.02ALT - 27 \tag{3-5}$$

式中，ALT 为海拔，m。

方法②，以式（3-6）计算：

$$H = h + (\delta G - \delta P)/K \tag{3-6}$$

式中，H 为补给区标高，m；h 为取样地区标高，m；δG 为热水中的 δD（或 $\delta^{18}O$）值，‰；δP 为取样点附近大气降水的 δD（或 $\delta^{18}O$）值，‰；K 为同位素高度梯度，$-\delta/100m$。

另外，大气降水的 δD、$\delta^{18}O$ 值和气温呈线性关系，温度越高，δD 和 $\delta^{18}O$ 的值就越大，相反，δD 和 $\delta^{18}O$ 的值就随之减少。郑淑蕙等（1983）对我国京广铁路沿线地区的地面平均气温与现代大气降水的 δD、$\delta^{18}O$ 值建立了如下关系式：

$$\delta^{18}O = 0.35t - 13.0 \tag{3-7}$$

$$\delta D = 2.8t - 94.0 \tag{3-8}$$

式中，t 为取样点地区平均气温，℃。

根据式（3-5）和式（3-8）便可以估算研究区地下热水补给区的高程及地面温度。

3. 氘过量参数

氘过量参数（d）也称为氘盈余，是 Dansgaard 于 1964 年提出的一个概念，并且把它定义为 $d = \delta D - 8\delta^{18}O$（Dansgaard，1964）。因此，任何地区的大气降水都可以算出一个氘过量参数 d，d 值的大小相当于该地区的降水线斜率 $\Delta\delta D/\Delta\delta^{18}O$ 为 8 时的截距，可以反映出该地区大气降水与全球大气降水的氢、氧同位素分馏程度，是区域水岩氧同位素交换程度的总体反映。同一地区地下水体 d 值的大小主要受围岩、含氧组分、岩性、含水层封闭条件、水体滞留时间等的影响。

根据 d 值定义的特征，最初其主要用于比较地区大气降水和全球大气降水氢、氧同位素分馏的差异程度，20 世纪 80 年代初才被用于地下水的研究领域，但这些研究中，氘过量参数都不是作为示踪主体，尹观等（2001）的研究发现，如果给氘过量参数赋予新的内涵，突破大气降水 d 值的局限，将其延伸到其他水体，就有可能成为水文地质应用研究中一个极为有价值的定量指标，通过对 d 值和地下水的氘含量的相关性分析进行研究，就可以厘定地下水的相对滞留时间与相对径流速度，再依据地下水 d 值从补给区向排泄区逐步变小的特点，可以确定地下水的径流方向，进而了解深部地下水径流动力场的区域分布特点。

3.4.2.3　北京地区地热水稳定同位素分析

温度是影响大气降水氢、氧稳定同位素组成变化的主导因素，由此而引申出它们随季节、纬度和高程的变化，分别称季节效应、纬度效应和高程效应。对于北京地区这样一个相对较小的地理单元，其受经度、纬度以及季节的影响可以被认为近似同一的。因此从一个地方到另一个地方的同位素差异可能是在一定时期内的温度和降水的变化造成的。

1. 地热水来源

对所取水样进行了 D、^{18}O 的同位素测试，同时收集了相关的浅层常温孔隙水和裂隙水的同位素资料，绘制了北京市 δ^{18}O 与 δD 关系图（图3-9）。

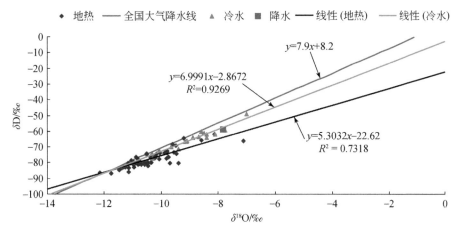

图3-9　北京市地下热水 δD-δ^{18}O 关系图

从图3-10中可以看出，研究区地下热水中的 δ^{18}O 测定值介于-12.14‰~-6.98‰，δD 值介于-86.5‰~-49.1‰。另外北京市地下热水、第四系地下水、基岩裂隙冷水、大气降水的 δD 和 δ^{18}O 同位素数据基本上都落在北京大气降水线附近，这说明北京市的地热水是大气起源，只是降水补给的高程、径流途径不同。

从图3-10中也可以看出，大多数地下热水的 δD 和 δ^{18}O 比地下冷水的值要偏低，同时第四系水及基岩冷水更加接近全国大气降水线。这表明北京市的大部分地下热水、基岩冷水、第四系水主要是由大气降水补给的，只不过地热水是降水入渗地下经过深循环而成。

本区 δD 值在平面上分布由北部山区向南部平原逐渐增高，自延庆地热田的-86.5‰，往南在北京断陷中为-80‰~-70‰，往南在凤河营地热田 δD 值为-67‰，体现出 δD 的纬度效应和高程效应。这也能整体体现出桐热-7 井地下水的补给高程较低，为数百米的中低山区，北京断陷地下热水的最大补给高程为1000m 以上的山区，而山区的温泉水的补给来源则来自更高纬度及高程的山区降水。

此外，有少数的数据点发生了 δ^{18}O 漂移，说明地下热储存在氧同位素的交换反应。天竺地热田的个别井及凤河营地热田的桐热-7 井均有较明显的 δ^{18}O 漂移。其中桐热-7 井（大兴凤河营）点的氧同位素最大，这是由于该地热田埋藏较深，地下温度高，热水在热储中滞留的时间很长，热水中的 δ^{18}O 与围岩中的 δ^{18}O 产生了强烈的同位素交换，造成了地热水中的 δ^{18}O 富集，但它仍属于大气降水成因。

2. 地下热水同位素与温度及埋深的关系

世界许多地区调查结果显示，冬季气温低，降水的 δD 值也降低，但是对于季节效应，高纬度地区较低纬度明显，而北京市不是很明显。大气降水 δ^{18}O 值的变化与当地年平均气温呈直线关系，年平均气温每减少1℃，δ^{18}O 值降低-0.7‰。北京地处中纬度，区域上

北京市天然水的 δD、δ^{18}O 主要服从于纬度效应的控制。在我国东部地区，δ^{18}O 值的纬度梯度约为–0.24‰每度，北京市的 δ^{18}O 值基本上符合此梯度范围。降水的 δD 及 δ^{18}O 随高程的增加而减少，高程每增高 100m 时，大气降水的 δD 值降低 2.3‰～4‰，而 δ^{18}O 降低0.3‰～1‰。对于北京平原区的地热田，地面高差不大，天然水中氢、氧同位素的高程效应不明显。

根据采集的水样数据，绘制了北京市同位素与温度及埋深之间的关系图（图 3-10～图 3-12）。

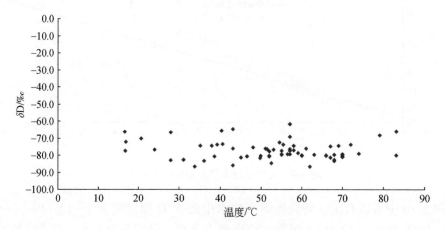

图 3-10　北京市 δD 与温度关系图

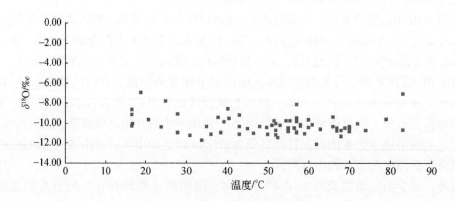

图 3-11　北京市 δ^{18}O 与温度关系图

可以看出，冷水 δD 和 δ^{18}O 随着温度的增加而略有降低。而在地热水中 δD 和 δ^{18}O 随着温度的增加而略有增加，这意味着水岩的交互作用是受温度影响的，地下热水中氢、氧同位素与含水层岩石中的氢、氧同位素发生了交换。同时可以看到北京市 δD 值和 δ^{18}O 值在地表以下 500m 以内随着深度的增加而呈减少趋势，500m 以下波动较大，整体略微降低。

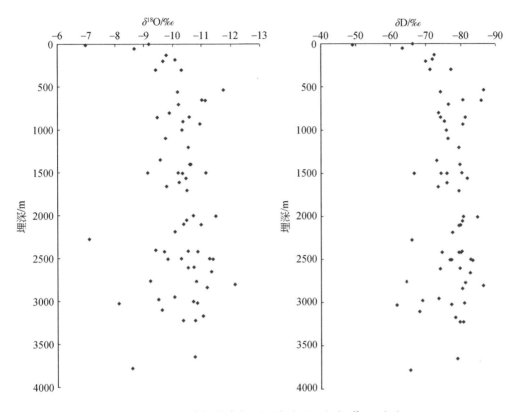

图 3-12　北京市稳定同位素与埋深关系图（左为 $\delta^{18}O$，右为 δD）

3. d 值特征

大气降水入渗补给到地下含水层后，在水岩作用下，水体与含氧岩石发生同位素交换，地下水体的 $\delta^{18}O$ 升高，d 值减小。而地下水在含水层内滞留时间的长短对其氧同位素组成升高的程度有一定的影响。同一地区，同一含水层内，地下水滞留时间越长，水中的 $\delta^{18}O$ 值越高，从而影响到 d 值的变化。因此，地下水的 d 值与水的滞留时间存在直接的相关性。

根据在北京市所采集的水样点数据绘制了该地区 d 值与 T（氚含量）之间的关系图（图 3-13，图 3-14）、d 值与埋深关系图（图 3-15）、d 值与 Eh 关系图（图 3-16）。

（1）从图 3-15 中可以发现北京市地下热水的 d 值主要集中在 14～18，与氚含量大体上均呈正相关。众所周知，氚是氢元素的一种放射性同位素，进入水循环系统的氚随着时间的推移而逐渐减少，即水循环系统中剩余的放射性母体（^3_1H）的量是时间（t）的函数。北京市地下热水中氚过量参数 d 与氚含量（T）呈相关变化，证明了 d 值的变化与水在地下滞留时间长短直接相关，因此，d 值的大小变化一定程度上可以反映地下热水的年龄。

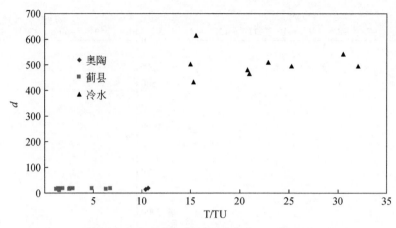

图 3-13　北京市地热水与冷水的 d-T 关系图

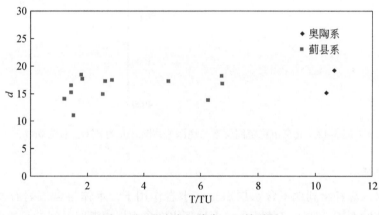

图 3-14　北京市地热水 d-T 关系图

（2）大多数情况下，源于大气降水的地下水的氘过量参数也有明显的不同。通过冷热水的对比可以看出，相对于冷水，热水的 d 值与氚值都较低，d 值较低是因为热水的温度高，所以水岩作用下热水的氧同位素交换比冷水的氧同位素交换更容易进行，交换的程度越高，d 值越小。

（3）通过 d 值的定义 $d=\delta D-8\delta^{18}O$，水岩作用时间越长，氧同位素交换就反应越强烈，d 值越偏负，可以看出，北京市地下热水 d 值由北向南逐渐减小，在同一地区的水循环中，d 值的变化反映了地下水的补给状况，d 值低，意味着地下水的补给量多。源于大气降水的同一含水层中，从补给源到排泄区，地下水的 d 值应逐渐降低，补给源区与排泄区水的 d 值差值越大，反映地下水的运动速度越慢，两者之间 d 的差值越小，则流速越快。可以看出延庆盆地的 d 值为 5～10（庆 2 井的 d 值为 7.56），北京断陷中的 d 值仅为 5～10（京热-8 井的 d 值为 4.87），到南部凤河营为-9.2；从北往南，地下水的流动速度越来越慢，循环深度越来越大，同位素交换越来越强烈。

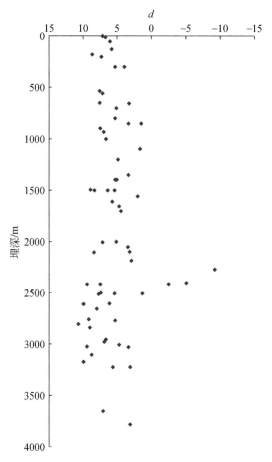

图 3-15　北京市地热水 d 值与埋深关系图

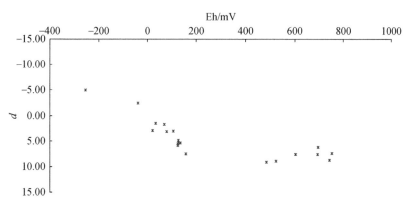

图 3-16　北京市地下热水的 d 值与 Eh 关系图

（4）北京市地下热水的 d 值随着的 Eh 的降低而减少。Eh 是反映热储环境的一个标志，Eh 与 d 值之间的关系说明了含水层封闭情况越好、地质环境越是处于还原状态，水岩作用就越强，d 值就越偏负（如京热-105 井、京热-169 井）。

（5）d 值与埋深也存在一定的关系。从图 3-16 中可以看出，北京地区 2500m 埋深以上的热水中 d 值随地下水埋深的加大有减小的趋势，在 2500~3000m 稍有增加，3000m 以下稍有降低趋势。这是因为埋深越大，地下热水温度越高，氧同位素交换反应程度越高，d 值就也越小。

曾有学者提出随着埋深的增加，热水的温度随之增加，因此会发生氧同位素的交换反应，使得地下热水的氧同位素随着埋深的增加而增加。可能的原因有：①采样点不是集中在一个地方，热水温度并非随深度增加；②不同采样点处同位素的来源可能有差异。

4. 地下热水补给区高程及温度估算

利用大气降水的氢、氧同位素的高度效应，可以计算北京地区补给区温度及高程，其中北京市大气降水的 $\delta^{18}O$ 值为 -7.82‰，δD 为 -58.9‰，k 为同位素高度梯度，相应于海拔每变化 100m 的 δ 值的变化，其中 $\delta^{18}O$ 取 -0.58‰/100m，δD 取 -3‰/100m。结果列于表 3-10 和表 3-11。

表 3-10　北京市补给区温度估算结果一览表

野外编号	深度/m	标高/m	温度/℃	δD/‰	$\delta^{18}O$/‰	$\delta^{18}O$ 补给温度/℃	δD 补给温度/℃	平均气温/℃
RS001	3648.00	40.20	74.0	-79.1	-10.76	6.39	5.33	5.86
RS002	2506.49	487.20	68.0	-83.3	-11.38	4.63	3.81	4.22
RS003	2006.00	489.50	52.5	-84.7	-11.48	4.35	3.31	3.83
RS009	900.52	36.40	48.0	-75.4	-10.36	7.54	6.64	7.09
RS010	1655.00	35.80	55.5	-73.7	-9.79	9.16	7.25	8.21
RS029	1351.28	47.00	40.5	-73.3	-9.57	9.80	7.39	8.59
RS030	854.00	47.80	37.8	-74.3	-9.47	10.09	7.04	8.56
RS031	1610.00	41.50	51.0	-76.1	-10.22	7.93	6.39	7.16
RS043	3779.00	125.60	40.2	-65.7	-8.59	12.59	10.12	11.35
LS003	200.00	36.60	20.7	-70.0	-9.66	9.53	8.57	9.05
LS014		67.30		-60.0	-8.60	12.57	12.14	12.36
LS015		102.20		-64.0	-8.40	13.14	10.71	11.93
LS016		79.80		-62.0	-8.40	13.14	11.43	12.29
LS017		97.20		-64.0	-8.90	11.71	10.71	11.21
RS062	2273.70	11.2	83.0	-66.0	-7.10	16.86	10.00	13.43

表 3-11　北京市补给区高程估算结果

野外编号	方法①补给高程/m	方法②δD 补给高程/m	方法②$\delta^{18}O$ 补给高程/m	野外编号	方法①补给高程/m	方法②δD 补给高程/m	方法②$\delta^{18}O$ 补给高程/m
DRS01	2789.57	1565.28	1308.37	DRS03	2972.40	1400.67	1227.54
DRS02	2811.42	1559.95	1320.20	DRS04	2886.66	1350.61	1120.37

续表

野外编号	方法①补给高程/m	方法②δD 补给高程/m	方法②δ¹⁸O 补给高程/m	野外编号	方法①补给高程/m	方法②δD 补给高程/m	方法②δ¹⁸O 补给高程/m
DRS09	2782.17	831.14	644.67	DRS43	2455.37	615.08	455.97
DRS10	2738.96	792.44	486.11	DRS44	2452.08	614.69	476.19
DRS29	2622.86	729.67	513.56	DRS49	2365.00	561.13	332.28
DRS30	2623.36	727.27	501.50	DRS50	2364.41	549.24	441.85
DRS31	2622.80	725.82	585.82	DSX08	1966.83	287.79	274.22
DRS37	2535.57	662.55	424.25	DSX09	1850.00	272.20	202.20
DRS38	2517.44	645.86	376.65	DSX10	1850.00	267.20	283.41
DRS39	2500.08	627.89	451.63	DSX16	1650.00	103.97	201.78
DRS40	2480.51	625.54	447.84	DSX17	1600.00	94.73	87.95
DRS41	2470.79	619.66	369.87	DSX18	1594.83	52.49	53.38
DRS42	2456.70	617.67	450.57	DSX19	1106.09	−289.34	−108.77

可以看出，使用 δD 和 δ¹⁸O 计算出的补给区的温度稍有差别，但温度趋势完全一致，第四系冷水、基岩冷水的平均补给温度为 10.45~16.62℃，而地热水的补给区温度多为 2.57~9.45℃。其中延庆盆地补给区平均温度为 3~4℃，北京断陷地热水平均补给温度为 5~9℃，而凤河营地热田的平均补给温度为 13.43℃，平面上整体体现出由北往南补给区温度逐渐升高的趋势。在垂向上，第四系冷水、基岩冷水随深度增加补给区温度有降低趋势，而对于地热水，垂向上补给温度波动变化，其补给区高程因所处地质构造单元不同而异（图 3-17）。

方法①得到的补给高程为 1100~2975m，方法②利用 δD 计算得到的补给高程为 339.77.7~1565.28m，方法②利用 δ¹⁸O 计算得到的补给高程为 305.334~1320.20m，可见利用方法①计算出的补给高程比方法②要高得多，且方法②中利用 δD 比 δ¹⁸O 计算得到的补给高程也要偏大。根据温泉出露地区区域地貌，海拔多在 800m 以下，方法②的结果更接近实际情况。

第四系和基岩冷水平均补给高程为 50~289m，而地热水的平均补给高程为 305~1440m。其中延庆盆地补给区平均高程为 1200~1400m，北京断陷补给区平均高程为 350~700m，而凤河营桐热-7 井的平均补给高程仅为 67.46m，在平面上由北往南补给区平均高程逐渐降低。而在垂向上，第四系冷水、基岩冷水随深度增加补给区高程有升高趋势；而对于地热水，垂向上补给高程波动变化，其补给区高程因所处地质构造单元不同而异（图 3-18）。

依据环境同位素的温度效应、高程效应可以判断北京市地热水补给区地面温度大多为 2.57~9.45℃，热水来源于高程为 300~1500m 的西部山区，其中多数来源于高程为 300~700m 的西部山区。

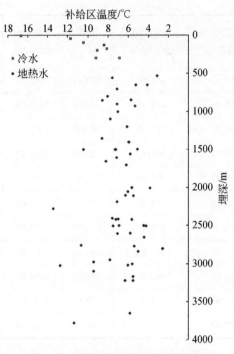

图 3-17　补给区温度与埋深关系图

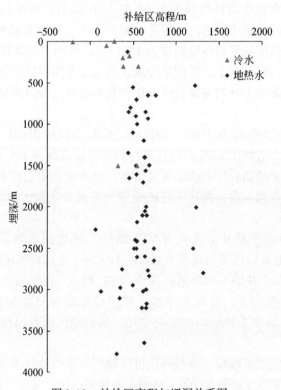

图 3-18　补给区高程与埋深关系图

3.5 地热流体动态特征

北京市地热资源地热动态监测工作已经进行了 60 多年的时间，20 世纪 50~60 年代对小汤山温泉开展断续的水位和水质监测工作；1971 年开始对东南城区地热田地下热水动态进行连续监测；1983 年编制了《北京市城东南地热田地下水动态年鉴》；1986 年起对李遂地热田开展动态监测工作；1972 年对良乡地热田的热震 10 进行断续的监测，自 1998 年以来保持延续。由于地热井少，开采规模较小，最初地热的监测工作主要对地热开采量和地热水质进行监测，到了 20 世纪 80 年代，随着地热井数量增多，地热开采量增大，东南城区及小汤山地热田陆续设立了专门的水位监测点；90 年代，监测范围进一步扩大到良乡和李遂地热田。2000 年以来，小汤山、东南城区等主要开采地热田逐步实施了地热回灌，规模也不断扩大，这都对水位、水温和水质产生了一定的影响，2007 年以来地热回灌也成了动态监测的重要内容，地热动态监测体系进一步得以完善。1998 年北京市地热管理处在科委立项研制北京市地热资源管理信息系统，将数据库管理图形分析与地图显示联系在一起，实现图形与数据互查，地理信息与数据信息结合，使用户对地热信息有直观立体全面的概念。2005 年建立了监控信息系统，2007 年全市地热井开采基本安装了监控设备，纳入远程监管。

本书共整理、收集《北京市东南地热田地下水动态年鉴》（1971~1982 年）、北京市地下热水资源储量表（2003 年）、2006 年度北京市地热水动态监测分析研究报告、2009 年北京市地热资源动态监测报告、北京市小汤山地热田地热回灌总结、北方车辆研究所地热动态监测、良乡五小动态监测、良乡送变电公司地热动态监测、新侨饭店地热动态监测、北京市地热年鉴（1996~2013 年，内部报告）、地热大事记（1952~2010年）、地热钻井记录统计表（1999~2010 年）等水位、水质、开采量、回灌量资料。针对调查、整理、收集资料对北京市地热热储水位、水质、开采量、回灌量及温度进行具体分析。

3.5.1 水位、开采量及温度动态分析

北京市自 1971 年进行地热资源开发以来，累积开采地下热水 $2.87\times10^8 m^3$（图 3-19）。1971~1980 年，开采量呈逐渐增加趋势，1981~2000 年，地热水开采量稳定为（800~1000）$\times10^4 m^3/a$，2000~2013 年，全市地热水开采量变化为（570~970）$\times10^4 m^3/a$，近几年净开采量维持在（600~800）$\times10^4 m^3/a$。在各地热田中，小汤山地热田开采量最大，其次是东南城区地热田。自 2001 年以来，北京市地热水累积回灌量达 $3022.47\times10^4 m^3/a$，地热资源回灌量呈现出增加趋势，2013 年回灌量达 $558.78\times10^4 m^3/a$（图 3-20）。

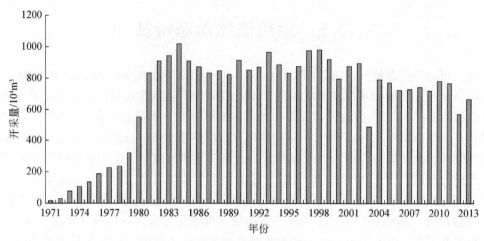

图 3-19　北京市历年开采量柱状图

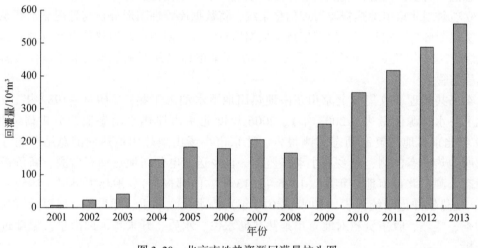

图 3-20　北京市地热资源回灌量柱头图

3.5.1.1　东南城区地热田

1. 开采量、回灌量

东南城区地热田现有地热井 140 眼左右，开采井 54 眼，主要开采两个热储，即蓟县系铁岭组和雾迷山组。

2013 年，东南城区地热田开采量为 $231.29 \times 10^4 \mathrm{m}^3$，其中京热-8 地热井开采动态见图 3-21。

2. 热储动态

铁岭组热储现有水位动态监测点 2 个，为京热-10 井和京热-51 井。京热-10 井位于东南城区地热田南部国家体育总局训练局，监测始于 1993 年；京热-51 井位于东南城区地热田南部的天坛医院内，监测始于 2003 年。

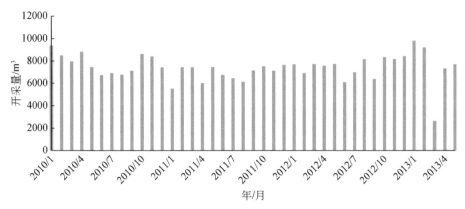

图 3-21　京热-8 地热井地热开采量动态曲线

雾迷山组热储现有水位动态监测点 2 个，即京热-8 井和京热-26 井。京热-8 井位于东南城区热田中西部的新侨饭店，监测始于 1987 年；京热-26 井位于地热田中西部的崇文门饭店，监测始于 1979 年。

其中 2010 年东南城区地热田两个热储的水位较 2009 年度仍然在下降，下降幅度比 2009 年略有减小，雾迷山组热储水位下降了 0.96m，铁岭组热储水位下降了 0.50m。

3. 多年开采量、回灌量及热储压力变化

东南城区地热田开发地热自 1971 年，主要开采和回灌层位都是蓟县系雾迷山组热储，多年开采量、回灌量和热储压力变化关系如图 3-22 所示。自从 1971 年以来，该热储的开采量逐年增加，到 1985 年开采量达到最大值为 426.72×10⁴m³/a，之后开采量基本稳定在 (300~400)×10⁴m³/a，从 2000 年开始至今，雾迷山组热储开采量逐渐下降到 (200~300)×10⁴m³/a。

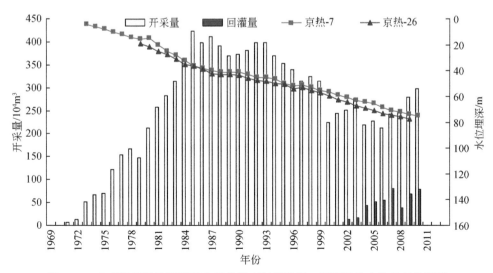

图 3-22　东南城区地热田雾迷山组热储多年开采量、回灌量及水位动态曲线图

在多年开采过程中,热储压力总体呈下降趋势,从京热-7 井和京热-26 井的水位变化曲线可以看出,两条曲线比较接近,开采初期水位下降比较快,之后下降速度逐渐减缓。京热-26 井从有完整水位记录的 1979 年开始到 2009 年,水位下降达 58.69m,平均下降速率为 1.89m/a。

东南城区地热田蓟县系铁岭组热储水位是从 1995 年开始监测的,开采量和水位变化关系如图 3-23 所示,2000 年以前铁岭组开采量基本稳定为 (50~100) ×10⁴m³/a, 2001 年以后,开采量逐渐减少,到 2010 年只有 20×10⁴m³/a 左右。从京热-10 井的水位曲线可以看出,1995~2009 年,热储水位逐年下降,水位下降达 21.82m,每年平均下降近 1.45m/a。

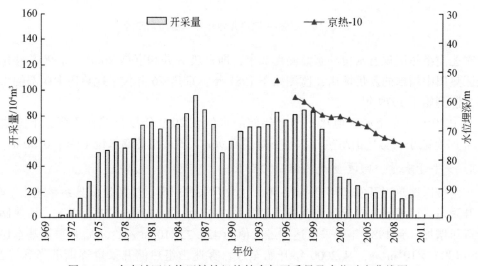

图 3-23　东南城区地热田铁岭组热储多年开采量及水位动态曲线图

3.5.1.2　小汤山地热田

1. 开采量、回灌量

小汤山地热田共有各类地热井 96 眼,其中开采井为 47 眼。主要开采三个热储,分别为蓟县系雾迷山组、蓟县系铁岭组及寒武系热储。2013 年小汤山地热田开采量为 404.08×10⁴m³,小汤山热田实施地热回灌监测的单位有 10 个,包括中国网通管理学院、御汤泉会议中心、中国移动培训中心、小汤山苗圃、现代农业科技示范园、国家计生委会议中心、锡昌疗养院、农垦农牧北京分公司、交通管理局法培中心以及麦卡伦地。回灌热储主要为蓟县系雾迷山组,其次是蓟县系铁岭组。2013 年度总回灌量为 238.01×10⁴m³。

2. 热储动态

小汤山地热田目前现有长期水位动态监测点 2 个,汤热观-1 井和苗圃观测井,分别观测雾迷山组和铁岭组水位变化。汤热观-1 井位于地热田北部的小汤山大队院内,监测始于 1984 年,苗圃观测井位于地热田中部苗圃地块,监测始于 2009 年 5 月 6 日。

2013 年度小汤山热田热储水位有所下降, 雾迷山组年平均水位比去年下降 0.33m, 铁岭组年平均水位下降 1.51m。

3. 多年开采量、回灌量及热储压力变化

1) 多年开采量及热储动态

小汤山地热田开采利用始于 1974 年, 目前已有 40 年的开采历史, 主要开采的热储是蓟县系雾迷山组, 其次是蓟县系铁岭组和寒武系。雾迷山组从 20 世纪 70 年代初期开始, 开采规模逐年增加, 到 1987 年突破到 $100 \times 10^4 \mathrm{m^3/a}$, 1996 年开采量又开始突破为 $200 \times 10^4 \mathrm{m^3/a}$, 2000 年达到 $257 \times 10^4 \mathrm{m^3/a}$, 随后由于政府采取一些措施控制开采, 雾迷山组热储的开采量开始逐渐减少, 2005 年开采量已经下降到 $144.21 \times 10^4 \mathrm{m^3/a}$。之后, 随着区域经济的发展, 地热温泉优势越来越突出, 一些单位的地热用水规模迅速扩大, 2007~2008 年, 年开采量又迅速突破 $200 \times 10^4 \mathrm{m^3/a}$, 2011 年更是达到 $404.08 \times 10^4 \mathrm{m^3/a}$, 达到历史最高水平 (图 3-24)。

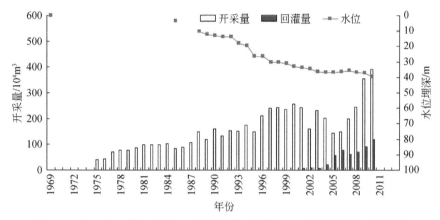

图 3-24 小汤山地热田雾迷山组热储多年开采量、回灌量及水位动态曲线

雾迷山组热储压力的多年变化情况通过汤热观-1 井的月最低水位动态曲线可以进行分析 (图 3-25)。随着地下热水的不断开采, 蓟县系雾迷山组热储压力逐年下降, 从 1985 年月最低平均水位埋深为 3.34m, 到 2004 年已经下降到 36.63m, 平均下降 1.66m/a。2005 年以后, 随着开采量的减少以及地热回灌量的增加, 地热水位开始逐年抬升, 2007 年比 2004 年月最低水位的平均值抬升了 1.9m, 平均抬升 0.63m/a, 热储压力逐渐得到恢复。然而, 2007 年后地热田开采量迅速增加, 而回灌量增加缓慢, 目前水位又出现下降的趋势, 2007~2010 年平均下降 1.04m/a。由此可见, 2007 年以来地热开采量迅速增加, 超出了天然补给和人工回灌量, 热储压力又开始快速下降。

综上所述, 蓟县系雾迷山组热储的开采量、回灌量和水位变化整体呈现 4 个阶段 (图 3-25)。20 世纪 80 年代初至 90 年代中期, 开采量从不到 $100 \times 10^4 \mathrm{m^3/a}$ 逐年增加至 $200 \times 10^4 \mathrm{m^3/a}$, 热储水位迅速下降, 平均降幅约为 2.08m/a, 这一阶段称为地热快速开采期; 20 世纪 90 年代中期至 2000 年地热回灌之前, 雾迷山组热储开采量基本保持在 $(200 \sim 250) \times 10^4 \mathrm{m^3/a}$, 热储水位下降速度变缓, 平均降幅约为 1.29m/a, 这个阶段成为地热稳定开采期；2001～2007 年，雾迷山组热储开采量逐渐减少到 200×10⁴m³/a 以内，同时，该热储开始接受回灌补给，年均地热回灌量从最初的不到 10×10⁴m³/a，迅速增加到 120×10⁴m³/a 左右，热储水位下降速度大大减缓，并且 2005～2007 年开始水位出现小幅抬升，这一个阶段称为地热开采恢复期；2008 年以后，由于雾迷山组热储开采量又迅速增大至 (250～350) ×10⁴m³/a，回灌量仅维持在 (130～140) ×10⁴m³/a，地热水位出现小幅下降，这个阶段称为地热加速开采期。另外，通过对水温和水质的监测，发现长期开采和回灌对热储温度场和化学场的影响较小，没有水动力场的变化那么显著。

铁岭组热储同样是从 1974 年开始进行开采，开采规模逐年增加，到 1984 年仅为 77.25×10⁴m³/a，到 1990 年达到 200.85×10⁴m³/a，之后开采量逐渐得到控制，20 世纪 90 年代开采量稳定在 (100～200) ×10⁴m³/a。21 世纪后，随着一些国企改制，很多老井停止开采，开采量迅速减小到 100×10⁴m³/a 以内，之后开采量一直降低，到 2005 年更是减小到 23.17×10⁴m³/a。到 2010 年铁岭组开采量降低到 11.11×10⁴m³/a，达到开采最低水平 (图 3-25)。

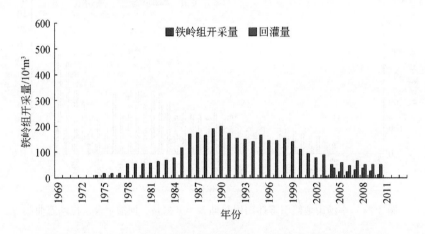

图 3-25　小汤山地热田铁岭组热储多年开采量、回灌量柱状图

铁岭组长期水位监测点是从 2009 年才开始实施监测的，由于缺少多年长期监测资料，目前无法对该热储的压力变化情况进行详细分析。2010 年铁岭组年平均水位比 2009 年下降 2.47m。

寒武系热储从 1982 年进行开采，长期以来开采规模比较稳定，除了 1998 年开采量达到 73.58×10⁴m³/a，其余年份基本都在 60×10⁴m³/a 以下 (图 3-26)。由于该热储没有水位长期监测点，无法对该热储的压力变化情况进行分析。

2) 地热回灌

小汤山地热回灌主要分为两个阶段，即回灌试验阶段及生产性回灌阶段。

2000～2003 年为回灌试验阶段。这个时期，小汤山热田作为北京市地热开发时间最早、勘查和开发程度最高的地热田，率先开展了系统的回灌试验。2001 年和 2002 年供暖期，首先在电信疗养院地热井实施了供暖尾水的同层对井回灌，开采和回灌热储都为蓟县系雾迷山组，两年回灌量分别为 7.30×10⁴m³ 和 10.00×10⁴m³。供暖尾水的完全回灌实践，

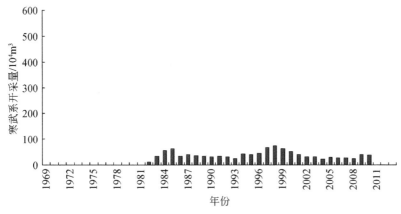

图 3-26　小汤山地热田寒武系热储多年开采量柱状图

不但检验了回灌装置和回灌工艺的合理性，也证明了地热供暖循环利用模式的可行性。在此期间，还开展了示踪试验，但始终没有检测到示踪离子，也就是地热回灌的低温水不会很快运移至开采井而导致热储温度的下降。此后，中国移动培训中心地热井于 2003 年开始实施异层对井回灌，即开采蓟县系雾迷山组的水，经过热交换后，回灌入蓟县系铁岭组，回灌量达到 $14 \times 10^4\,\mathrm{m}^3$，进一步检验和改进了地热回灌装置和回灌工艺，为后续地热回灌的推广打下基础。

2004 年至今为生产性回灌阶段。随着小汤山地热田和东南城区地热田地热回灌试验获得成功，北京市国土资源局下达了《关于加强本市地热资源管理有效保护地热资源》的通知，明确提出地热供暖和温室利用的项目，按照规定必须对供暖尾水进行回灌，同时提出地热回灌的具体要求和鼓励优惠政策。在此基础上，全市的地热回灌工作得到大力推广。

小汤山地热田从 2004 年至今，地热回灌单位从 2 家迅速增加到 11 家，大部分开展同层回灌，年回灌量由 $20 \times 10^4\,\mathrm{m}^3$ 逐渐提高到 $170 \times 10^4\,\mathrm{m}^3$ 以上，地热田灌采率最高时达到 63.57%。从回灌效果看，小汤山地热田蓟县系雾迷山组热储的水位下降速度从 2004 年开始逐渐减缓（图 3-24），2005～2007 年，地热田的水位还连续出现小幅抬升，这在世界开发规模较大的热田中都非常罕见。2007～2009 年由于开采量增大，回灌比例有所降低，地下水位出现小幅度下降，2010 年开采量急剧增加，水位降幅同时达到 2.36m，下降趋势明显。

2009～2010 年，小汤山地热田铁岭组热储开展了一次大规模的示踪试验，试验进行 125 天，示踪剂从汤热-3 井投入铁岭组热储，先后从已开采的雾迷山组热储汤锡热-1 井和汤热-39 井中检出，这说明小汤山地热田局部地区蓟县系铁岭组和雾迷山组之间具有良好的连通性，回灌水的一部分迅速向地热田北部和西部的蓟县系雾迷山组运移。通过模拟推测出汤热-3 井和汤锡热-1 井之间有两个通道，回灌水流速分别达到 11m/d 和 36m/d，而汤热-3 井和汤热-39 井之间有一个通道，回灌水流速为 15m/d。虽然回灌水流向开采井，但开采井的出水温度没有任何变化，说明地下热储赋存有巨大的热能，低温水从热储中快速流过就可以被加热至热储平衡温度。

　　3）地热回灌机理分析

　　小汤山地热田有 11 家回灌单位，以汤热-22 和汤热灌-22 开采、回灌井为例，探讨地热回灌机理（潘小平和王治，1999）。汤热-22 井和汤热灌-22 井是北京移动培训中心（原邮电管理干部学院）的两眼地热井，位于小汤山地热田的中心部位，这里属于小汤山地热田温度最高的地区。汤热-22 井钻于 1986 年 10 月 19 日 ~ 1987 年 5 月 15 日，井深为557.18m，开采蓟县系铁岭组硅质白云岩热储，初期静水位为 − 8.23m，出水量为1441.15m³/d，初期水温为 58℃。汤热灌-22 井钻井时间为 2002 年 7 月 29 日 ~ 2002 年 12 月 22 日，井深为 1802.69m，混合开采蓟县系铁岭组及雾迷山组硅质白云岩热储，出水量为 2415.74m³/d，初期水温为 68℃。汤热灌-22 井水温高、水量大，因此实际上将此井作为开采井，而将原汤热-22 井用作回灌井。两井的直线距离约为 1000m。

　　2003 年初汤热灌-22 井钻成后，当年冬季就开始抽水往汤热-22 井回灌，此后，这一对井每年的冬春采暖季都实施同样的回灌（表 3-12）。

表 3-12　汤热-22 井和汤热灌-22 井地热回灌情况一览表

回灌期	回灌天数/d	汤热-22 井回灌量/m³	总回灌量/10⁴m³	占地热田总回灌/%	地热田回灌占总开采/%
2003 ~ 2004 年	155	142.101	24.8	57.3	7.60
2004 ~ 2005 年	159	208.246	102.7	20.3	36.5
2005 ~ 2006 年	181	172.777	132.3	13.1	54.2
2006 ~ 2007 年	145	220.472	127	17.4	64.0
2007 ~ 2008 年	182	128.545	115.1	11.2	44.8

　　A. 回灌井汤热-22 井的井温变化

　　温度变化是回灌试验中的一个关键问题，由于实际试验情况会不同，其温度变化各有不同。从多途径获得温度资料：

　　a. 回灌工程实测温度

　　汤热-22 井初期出水温度是 58℃；汤热灌-22 井的初期出水温度是 68℃，其地热供暖利用后的回水温度降至 24 ~ 37℃，平均约为 30℃，将回水灌入汤热-22 井。

　　b. 供暖系统验算的温度

　　北京移动培训中心的总供暖面积为 $5.5 \times 10^4 m^2$，假设当地供热指标为 $50W/m^2$，总计需要的热功率为 2750kW。按年回灌总量作为汤热灌-22 井的开采抽水量，以 2006 年冬至 2007 年春回灌期的回灌量为例，总回灌量为 220472m³，其在供暖期按 2750kW 功率所释放出的热量为 $35.06 \times 10^{12} J$，这些供暖水释放 38℃ 的温差，即从 68℃ 降为 30℃。这是用回灌水的热平衡验算的温度。

　　c. 回灌过程中测定井温剖面

　　在多年的回灌试验中，于 2006 ~ 2008 年春的回灌结束后，进行回灌井套管井筒的剖面测温（图 3-27）。从图 3-27 中可以很清楚地看到井温是逐年下降的，在 120 ~ 380m 的井段这种下降显得更明显、更规则。

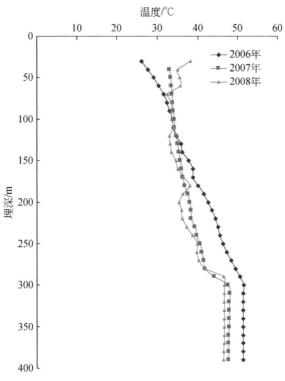

图 3-27　汤热-22 回灌井井温曲线图

d. 井温变化的热量平衡计算

用该井的井温监测来做一次热量验算。该井的地质剖面是盖层之下在 377m 见蓟县系铁岭组热储，井深钻至 557.18m，该井的固井技术套管下至 380m。380m 的井温资料代表该井套管处的温度，其 3 次监测值为：51.7℃（2006 年 10 月 27 日）、47.7℃（2007 年 11 月 10 日）、46.8℃（2008 年 5 月 28 日），3 次测量值温差降低分别为 4.0℃、0.9℃。

如果仅计算水温的降低，则由 35.06×10^{12} J 热量引起的 2006～2007 年水温降低 4.0℃所影响的水体积为 209×10^4 m^3，即是 2006～2007 年回灌量 22.05×10^4 m^3 的 9.5 倍。再计算这些热量引起的 2007～2008 水温降低 0.9℃所影响的水体积则是 930×10^4 m^3，即为 2007～2008 年回灌量 13.48×10^4 m^3 的 69 倍（表 3-13）。

表 3-13　回灌井温度变化的地热水热量平衡

回灌期	2006～2007 年	2007～2008 年
总计回灌量/m^3	220472	134827
回灌天数/d	145.0	182.0
平均日灌量/（m^3/d）	1520.5	740.8
供暖消耗的热量/J	35.06×10^{12}	35.06×10^{12}

回灌期	2006~2007 年	2007~2008 年
380m 处温度降低/℃	4.0	0.9
热平衡涉水体积/m³	209×10⁴	930×10⁴
涉水体积是回灌量的倍数	9.5	69.0

e. 回灌影响热储岩体的计算

假设考虑回灌造成的温度降低已涉及与热储温度的平衡（不只与地层中的"水"平衡），则其计算结果如下：

汤热-22 回灌井的热储是蓟县系铁岭组硅质白云岩，该地层的裂隙率为 1%，地层的密度为 2700kg/m³，比热容为 920J/(kg·℃)；水的密度和比热容分别为 1000kg/m³、4187J/(kg·℃)。可以计算出 1km³ 热储岩体温度变化 1℃ 的热量：

水含热量：$0.99×1℃×1000kg/m³×4187J/(kg·℃) = 4.19×10^{13}J$

岩石热量：$0.01×1℃×2700kg/m³920J/(kg·℃) = 2.46×10^{15}J$

所以，1km³ 热储岩体温度变化 1℃ 的热量大约是 $2.50×10^{15}J$，水的热量变化只占热储总热量的 1.7%。按此标准，如果热储岩体温度变化 4℃（即 2006~2007 年回灌期情况），供暖消耗的热量 $35.06×10^{12}J$ 就涉及 $350×10^4 m³$ 的热储体积，相当于 300m 厚度热储，以回灌井为圆心，以 61m 为半径的圆柱体范围；如果热储岩体温度变化 0.9℃（即 2007~2008 年回灌期情况），供暖消耗的热量 $35.06×10^{12}J$ 就涉及 $1560×10^4 m³$ 的热储体积，相当于 300m 厚度热储，以回灌井为圆心以 129m 为半径的圆柱体范围（表 3-14）。

表 3-14　回灌井温变化的热储热量平衡

回灌期	2006~2007 年	2007~2008 年
总计回灌量/m³	220472.0	134827.0
供暖消耗的热量/J	35.06×10¹²	35.06×10¹²
380m 处温度降低/℃	4.0	0.9
热平衡涉水体积/m³	350×10⁴	1560×10⁴
铁岭组热储厚度/m	300.0	300.0
从热水井影响出去的圆半径/m	61.0	129.0

B. 回灌井汤热-22 井的水质变化

a. 离子浓度

图 3-28 给出了汤热-22 井主要阴、阳离子成分在 2002 年、2004 年、2006 年的变化对比。图 3-28 中通常代表冷水成分的重碳酸根含量迅速连续上升，而且通常代表热水成分的硫酸根和钠离子含量迅速连续下降，看似冷地下水大量入侵补给热储。

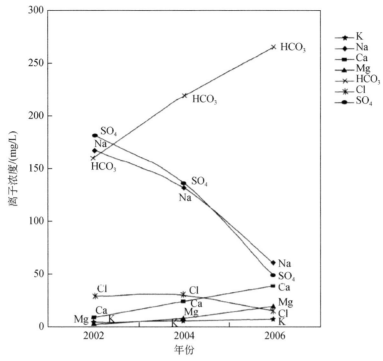

图 3-28　汤热-22 回灌井主要阴、阳离子成分变化

b. 水质类型

用兰格利尔–路德维奇图解来分析回灌井中热水水质的总体变化（图 3-29）。离子含量的大幅度变化，实际只细微影响到水质类型的变化；而且，这一变化实际上显示的只是汤热-22 井的水质逐渐趋近了汤热灌-22 井的水质。

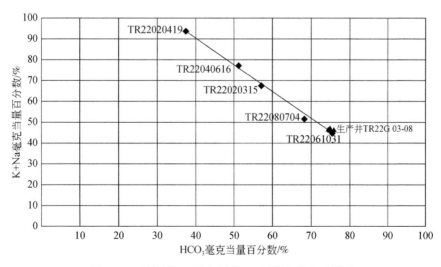

图 3-29　汤热灌-22 井与汤热-22 回灌井的水质关系

汤热-22 井开采的是铁岭组热储的热水，汤热灌-22 井是混合开采铁岭组和雾迷山组两个热储的热水，两个热储的水质有一定差异，回灌井的水质趋向于生产井（回灌水源）的水质是必然的结果。

因此，汤热-22 回灌井的水质变化并不是大量冷地下水入侵的结果。

C. 水温和水质变化机理分析

回灌水在热储中运动的机理，在近似均质的砂岩孔隙介质中主要是层流运动，受水动力压力水头的推动而产生匀速径流。但在岩溶裂隙介质中基本上是紊流运动。

a. 水温变化机理

小汤山基岩热储的岩性是硅质白云岩，它有岩溶裂隙透水性，地下热水在热储中的运动基本上是紊流运动。回灌水在热储中的运动主要受温度不同造成的密度差异驱动：冷水的密度较大，必然下沉；冷水柱造成的压力水头也高于同样高度热水柱造成的压力水头。所以冷水是向下运动，热水则向上运动，二者形成对流运动。这种对流扩大了回灌水的影响范围，使回灌水不是聚集在回灌井筒周围，而是扩展到了热储深部，这有利于回灌水温度的恢复。

北京移动培训中心的回灌量很大，在其长期持续回灌下的井筒周围温度也出现了下降。这是由铁岭组热储厚度有限（300m）造成的，同期在该小汤山地热田其余的雾迷山组热储（厚度超过 2000m）的回灌，虽回灌量超过汤热-22 井，但没有出现过这样的情况。

b. 水质变化机理

水质的变化肯定是随着水质点运移，而与周围不同水质之间产生了混合、交换和化学反应，最后被主体水质所同化。将 2002 年 4 月 19 日的水质视作汤热-22 井铁岭组热水的特点，则在汤热-22 井于 2003 年开始接受汤热灌-22 井的回灌后，就显示了其水质在 2004～2006 年间逐渐趋向于汤热灌-22 井的雾迷山组水质，并在 2006 年已与汤热灌-22 井水质一致。

3.5.1.3　李遂地热田

1. 开采量、回灌量

李遂地热田现有各类地热井共 31 眼左右，开采井 5 眼，开采蓟县系雾迷山组热储。2013 年度李遂地热田开采量为 $81.47 \times 10^4 \mathrm{m}^3$。

李遂地热田目前有 1 家单位实施地热回灌，即残疾人培训中心。该单位回灌热储为蓟县系雾迷山组，2013 年总回灌量为 $72.54 \times 10^4 \mathrm{m}^3$。

2. 热储动态

李遂地热田监测点位于李遂乡柳各庄，编号为 208-4，监测始于 1985 年。2013 年热储水位下降了 1.89m，水位下降趋势明显。

3. 多年开采量、回灌量及热储压力变化

李遂地热田开发地热自 1987 年，主要开采和回灌层位都是蓟县系雾迷山组热储，多年开采量、回灌量和热储压力变化关系如图 3-30 所示。自从 1987 年以来，该热储的开采量逐年增加，1996 年以后基本稳定在 $10 \times 10^4 \mathrm{m}^3/\mathrm{a}$ 左右。2009 年，热田内新增几家用水大户，地热开采量迅速增加到 $52 \times 10^4 \mathrm{m}^3/\mathrm{a}$。2013 年开采量达 $81.47 \times 10^4 \mathrm{m}^3/\mathrm{a}$。

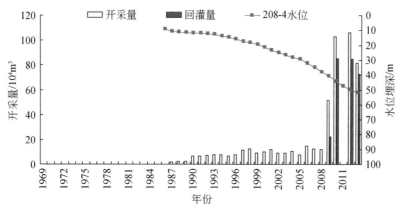

图 3-30 李遂地热田雾迷山组热储多年开采量、回灌量及水位动态曲线图

在多年开采过程中，热储压力总体呈下降趋势，整体上可以分为三个阶段。1986～1995 年，水位缓慢匀速下降阶段，这一阶段李遂地热田处于地热开发利用的起步阶段，该阶段开采量较小，开采量为（2～7）$\times 10^4 m^3/a$，平均水位降幅为 0.55m/a。1996～2005 年，该阶段地热开采量基本稳定在 $10\times 10^4 m^3/a$ 左右，地下水位持续下降，平均水位降幅为 1.33m/a。2006 年以后，该阶段地热开采量持续增加，尤其 2009 年，地热田内新增几家用水大户，地热开采量迅速增加到 $52\times 10^4 m^3/a$，2010 年开采量达 $102.86\times 10^4 m^3/a$；该阶段水位降幅有增大趋势，平均水位降幅达 2.44m/a，尤其 2009 年以后，水位降幅达 3.11m/a。

李遂热田的地热回灌主要开始于 2009 年，2009 年、2010 年、2013 年地热回灌量分别达到 $22.39\times 10^4 m^3/a$、$85.42\times 10^4 m^3/a$、$72.54\times 10^4 m^3/a$，回灌比例分别达到 43.33%、80.04%、89.04%。

3.5.1.4 良乡地热田

1. 开采量、回灌量

良乡地热田现有各类地热井共 60 眼左右，开采井为 20 眼，开采蓟县系雾迷山组热储。2013 年度良乡地热田开采量为 $86.81\times 10^4 m^3$。

良乡地热田目前有 1 家单位实施地热回灌，即北京工商大学。该单位回灌热储为蓟县系雾迷山组，2013 年总回灌量为 $33.87\times 10^4 m^3$。

2. 热储动态

良乡地热田监测点位于良乡地热田北部的碧溪垂钓园，编号 B-4，监测始于 1999 年。2010 年热储年平均水位下降 2.89m，2009 年水位下降 2.19m，水位下降趋势明显。

3. 多年开采量、回灌量及热储压力变化

良乡地热田开采量统计始于 1992 年，开采和回灌层位都是蓟县系雾迷山组热储，多年开采量、回灌量和热储压力变化关系如图 3-31 所示。近十几年以来，该热储的开采量基本稳定，始终保持在 $80\times 10^4 m^3/a$ 左右，只是在 2002 年和 2003 年达到 $110\times 10^4 m^3/a$ 左右。2009 年热田新增加几眼开采井，开采量迅速增加，2009 年、2010 年开采量增加趋势分别达到 139.62×10⁴m³/a、133.44×10⁴m³/a，其中开采井为良电-1 井、良热-8 井（图 3-32）及京热-92 井（图 3-33）。

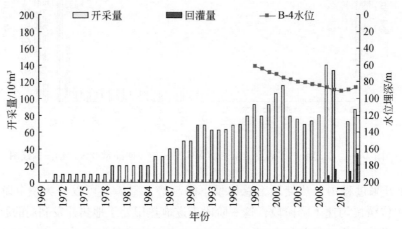

图 3-31 良乡地热田雾迷山组热储多年开采量、回灌量及水位动态曲线图

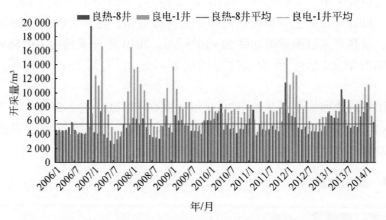

图 3-32 良热-8 井和良电-1 井多年开采量月柱状图

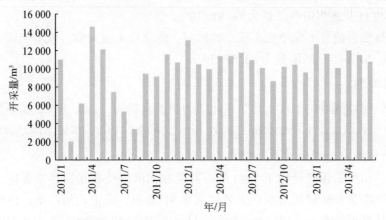

图 3-33 京热-92 井多年开采量月柱状图

从图 3-33 和图 3-34 中可以看出，良热-8 井、良电-1 井、京热-92 井的开采量相对比较稳定，而且主要开采动态很规律，这三眼井的地热主要用于供暖及洗浴，即主要在 11 月到次年 3 月开采量较大，其余月份开采量有所降低，但全年开采量相对稳定。即良乡地热田的开采量增加主要为其他新增用水户引起的。

从图 3-32 中可以看出 B-4 井多年的月最低水位曲线近几年水位下降比较明显，水位埋深从 1999 年的 61.32m 下降到 2010 年的 89.99m，累计下降 28.67m，平均下降 2.39m/a。

良乡地热田的地热回灌主要开始于 2009 年，2009 年、2013 年地热回灌量分别达到 $7.70 \times 10^4 m^3/a$、$33.97 \times 10^4 m^3/a$，回灌比例仅为 5.51%、39.02%。

3.5.1.5 其他地热田

延庆地热田各类地热井共 23 眼，其中 2009 年开采井 8 眼，开采量为 $44.70 \times 10^4 m^3/a$；回灌井 2 眼，2013 年采灌比高达 93.74%；天竺地热田现有各类地热井共 58 眼，其中 2009 年开采井 13 眼；西北地热田现有各类地热井共 60 眼，其中 2009 年开采井 23 眼；后沙峪地热田现有各类地热井共 24 眼，其中 2009 年开采井共 2 眼；双桥地热田现有各类地热井共 39 眼，其中 2009 年开采井 8 眼；凤河营地热田现有各类地热井共 15 眼，其中 2009 年开采井 1 眼，2009 年开采量为 $1.2 \times 10^4 m^3/a$，2013 年开采量为 0。

3.5.2 水质动态监测

北京市水质动态监测主要集中在 4 个地热田，分别是东南城区地热田、小汤山地热田、李遂地热田和良乡地热田，地热水质监测工作分别在本年冬季供暖结束后和次年冬季采暖开始前开展。东南城区地热田雾迷山组热储长系列监测（自 1984 年起）的京热-42 井自 2002 年被迫中断，后改在京热-45 井延续进行，自 2000 年起京热-35 井持续监测；铁岭组热储的京热灌-1 井持续监测，京热-9 井略有中断后自 2003 年冬初已变更为京热-44 井（天坛南里）。小汤山地热田雾迷山组热储自 1956 年起的汤热-1 井至 2009 年下半年因井口改造已无法采样，改在汤锡热-1 井（锡昌疗养院）延续进行；铁岭组热储的汤热-4 井自 2005 年下半年停产后，改在汤热-7 井进行，汤热-16 井的监测仍延续。李遂地热田自 1986 年起的遂热-1 井监测至 2008 年被迫改变，在顺热-5 井、顺热-15 井和顺鑫井采样，2009 年在顺热-15 井延续进行。良乡地热田自 1972 年起断续进行震-10 井监测，1998 年起保持延续。

3.5.2.1 东南城区地热田

水质动态的研究要依靠长系列的监测资料来发现其真实的变化规律。东南城区地热田建立了京热-42 井从 1984 年开始的监测系列，但至 2002 年因城建改造而使该井无法再用。为此，北京市地热田水质的趋势性变化现在用京热-42 井过去的长系列，再加上其他监测井 2000 年以来的接续资料来体现。

在过去长系列的水质动态研究中，东南城区地热田地热水的主要组分阳离子钠钾的毫克当量百分数呈波动中微弱增加的趋势，在京热-42 井的系列中断后，其余地热井下降趋势多于上升趋势，显示进入 21 世纪以来有稳中略降的趋势；这样构成总体趋势略显下降。从图 3-34 中可以看出这种趋势，表 3-15 的分年段统计也显示了这种特征。因此，钠钾离子毫克当量百分数的总体降低代表了深部热源对热储补给的减弱。

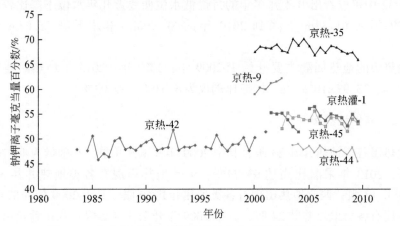

图 3-34　东南城区地热田钠钾离子毫克当量百分数动态曲线

表 3-15　东南城区地热田主要阴阳离子组成及溶解固体总量（TDS）分年段统计一览表

分年段	1984～1985 年	1986～1990 年	1991～1995 年	1996～2000 年
监测井	京热-42			
（Na+K）/%	48.77	48.32	49.01	49.01
HCO_3/%	48.20	50.73	51.81	51.81
TDS/（mg/L）	467.7	454.0	445.6	444.6

分年段	2001～2003 年	2004～2006 年	2007～2009 年	2001～2003 年	2004～2006 年	2007～2009 年
监测井	京热-35（Jxw）			京热-45（Jxt，Jxw）		
（Na+K）/%	68.59	68.48	67.69	53.96	54.06	54.32
HCO_3/%	46.87	48.17	47.52	54.82	55.08	52.68
TDS/（mg/L）	637.5	654.2	662.3	450.0	458.3	463.1

分年段	2001～2003 年	2004～2006 年	2007～2009 年	2001～2003 年	2004～2006 年	2007～2009 年
监测井	京热灌-1（Jxt）			京热-44（Jxt）		
（Na+K）/%	54.50	54.50	53.47	48.90	48.27	47.31
HCO_3/%	53.60	54.90	52.52	55.50	54.67	53.32
TDS/（mg/L）	446.2	459.7	464.0	443.0	447.1	456.4

地热水主要阴离子重碳酸根的毫克当量百分数在京热-42 井的长系列中呈波动状增长，在近些年其他井的延续监测中其余地热井下降趋势多于上升趋势，21 世纪以来有稳中略

降的趋势；这样构成总体趋势是上升多于（高于）下降。在图 3-35 的曲线中可以看出这种趋势，表 3-15 的统计数更清楚可见。因此，重碳酸根离子毫克当量百分数的总体增加代表了常温地下水（地下冷水）对热储补给的增加。

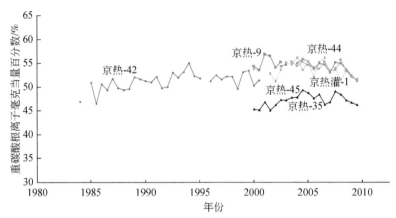

图 3-35　东南城区地热田重碳酸根离子毫克当量百分数动态曲线

东南城区地热田地热水的溶解固体总量过去有微弱下降的趋势，在图 3-36 中，京热-42 井长系列的监测有较为明显的下降。近几年的短系列监测，有升有降，表 3-16 的分年段统计数显示升幅小、降幅大，总体仍是下降为主；只是 2009 年普遍有所上升。溶解固体总量的微弱下降代表热储得到的冷补给略多于热补给。

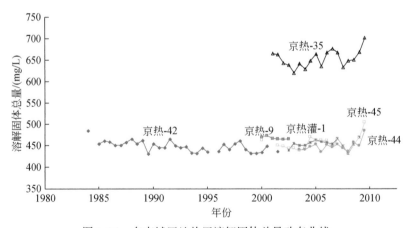

图 3-36　东南城区地热田溶解固体总量动态曲线

表 3-16　东南城区地热田地球化学温标温度分年段统计一览表

分年段	1984~1985 年	1986~1990 年	1991~1995 年	1996~2000 年
监测井	京热-42			
钾镁温度/℃	58.39	58.87	56.63	57.12
石英温度/℃	87.03	86.40	87.39	89.64

分年段	2001 ~ 2003 年	2004 ~ 2006 年	2007 ~ 2009 年	2001 ~ 2003 年	2004 ~ 2006 年	2007 ~ 2009 年
监测井	京热-35 （Jxw）			京热-45 （Jxt，Jxw）		
钾镁温度/℃	75.15	71.92	75.35	66.43	63.34	69.16
石英温度/℃	95.10	94.93	95.21	84.56	84.65	83.98
分年段	2001 ~ 2003 年	2004 ~ 2006 年	2007 ~ 2009 年	2001 ~ 2003 年	2004 ~ 2006 年	2007 ~ 2009 年
监测井	京热灌-1 （Jxt）			京热-44 （Jxt）		
钾镁温度/℃	66.89	65.99	65.96	60.65	57.71	58.87
石英温度/℃	80.03	81.00	84.01	81.18	76.05	80.61

　　地球化学研究中用地热温标来表示热储的温度潜力，对于中低温地下热水，钾镁温标和石英温标是两种最适用的温标。从图 3-37 可以看出，钾镁温标的温度在京热-42 井的长系列中呈总体略有下降的趋势，在 2000 ~ 2010 年的短系列中略有波动，但总体持平，4 眼井的监测呈微弱上升或微弱下降者各半，这里表现为雾迷山组热储温度略升，铁岭组热储温度略降。石英温标的温度在京热-42 井的长系列中呈总体略有上升的趋势，在近 10 年的短系列中微有波动，总体持平，4 眼井的监测呈微弱上升或微弱下降者各半，雾迷山组热储和铁岭组热储也各占半数。钾镁温标温度代表钻探可及热储内的平衡温度，而石英温标温度代表更深部热储的情况。总体看来，东南城区热田地热开采增加了冷水对热储浅部的补给，但对深部热储温度未产生明显影响。

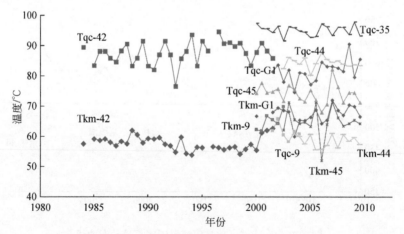

图 3-37　东南城区地热田热储温度动态曲线 （Tkm，钾鲜温度；Tqc，石英温度）

　　对监测水样的水/岩平衡计算表明，东南城区地热田的地热活动总体强度的长系列有较明显的增强。其他地热井 2000 ~ 2010 年来的短系列变化在波动中趋于稳定，但 2009 年均上升趋势。

3.5.2.2　小汤山地热田

小汤山地热田的水质监测已积累了 57 年的资料,其前期是小汤山疗养院的西泉,后来是泉边的汤热-1 井。1975 年春在汤热-1 井钻成自流涌水时,其硫酸根含量剧增,似乎代表了热源的激发补给,当时阳离子钠钾的毫克当量百分数有增加,而溶解固体总量基本稳定。表 3-17 列出了该系列的分年段平均值,钠钾离子毫克当量百分数在 1975 年出现高峰后,20 世纪 80 年代中期以后已趋略有波动的平稳,但 2005 年以来,表现出略有下降(图 3-38)。重碳酸根离子毫克当量百分数总体呈较明显的缓慢增长趋势(图 3-39)。溶解固体总量在 1975 年钻井前曾达最高,钻井后很快恢复,80 年代呈稳中略有下降趋势,90年代至今有微小波动,但总体持平(图 3-40)。这些变化用主要阳阴离子组成及溶解固体总量分年段平均值表现得更清楚(表 3-17)。

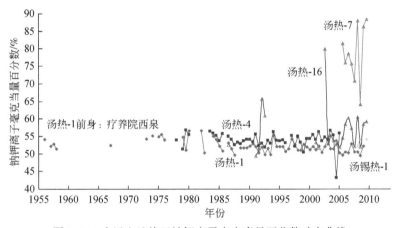

图 3-38　小汤山地热田钠钾离子毫克当量百分数动态曲线

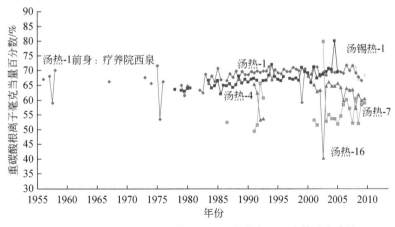

图 3-39　小汤山地热田重碳酸根离子毫克当量百分数动态曲线

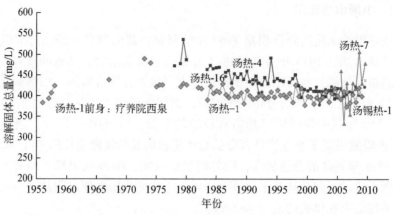

图 3-40　小汤山地热田溶解固体总量动态曲线

表 3-17　汤热-1 井主要阴阳离子组分及溶解固体总量分年段平均值统计一览表

分年段	1956～1965 年	1966～1975 年	1976～1980 年	1981～1985 年	1986～1990 年
(Na+K) /%	52.85	54.40	53.61	53.38	51.55
HCO₃/%	66.15	65.05	64.58	67.19	68.64
TDS/(mg/L)	402.8	452.0	426.2	413.2	402.2
分年段	1991～1995 年	1996～2000 年	2001～2003 年	2004～2006 年	2007～2009 年
(Na+K) /%	51.58	51.86	51.85	50.68	51.50*
HCO₃/%	69.57	68.88	69.92	69.94	69.11*
TDS/(mg/L)	400.5	401.6	394.2	401.2	405.5*

* 汤热-1 井自 2009 年改为汤锡热-1 井。

　　以上资料表明汤热-1 井所处的地热田北部，地下冷水的补给增长比较明显，北部没有体现出热源补给的增长。此外，位于地热田南部的汤热-16 井的资料统计（表 3-18）显示，钠钾离子毫克当量百分数呈明显连续增长，重碳酸根离子毫克当量百分数呈明显连续减小，虽溶解固体总量微有下降（0.88%），说明了热源补给总体增加的趋势。

表 3-18　汤热-16 井主要阴阳离子组分及溶解固体总量分年段统计一览表

分年段	前期（间断）	2001～2003 年	2004～2006 年	2007～2009 年
(Na+K) /%	55.87	52.59	55.31	56.39
HCO₃/%	60.30	64.56	63.99	61.14
TDS/(mg/L)	425.8	414.8	408.9	411.2

　　注：未统计 2002 年下半年数据。

小汤山地热田的水质动态表明了地热田所增加的热源补给是在地热田南部寒武系热储，这符合小汤山地区地热地质条件。

小汤山地热田热储的温度动态也用地球化学温标来表示，图 3-41 和表 3-19 表明了由温标计算的钾镁温度和石英温度的变化趋势。

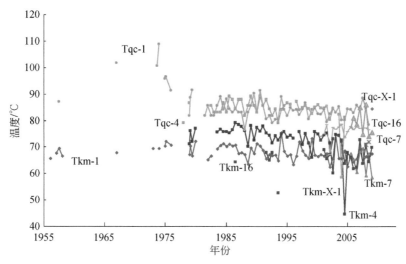

图 3-41　小汤山地热田热储温度动态曲线（Tkm，钾镁温度；Tqc，石英温度）

表 3-19　汤热-1 井地球化学温标温度分年分段统计一览表

分年段	1956～1965 年	1966～1975 年	1976～1980 年	1981～1985 年	1986～1990 年
钾镁温度/℃	67.43	70.04	69.64	69.68	68.60
石英温度/℃	87.10	100.90	88.54	85.09	83.41

分年段	1991～1995 年	1996～2000 年	2001～2003 年	2004～2006 年	2007～2009 年
钾镁温度/℃	68.05	68.16	67.43	65.98	67.88
石英温度/℃	83.88	84.01	83.01	83.26	83.80

注：2009 年下半年起汤热-1 井改为汤锡热-1 井。

在监测点汤热-1 井及其前身疗养院西泉所表现的温度动态，与前述主要水化学成分的变化趋势有相似的规律，即前期的温度相对较高，然后在 1975 年春热田钻成第一眼井（汤热-1 井）时出现最高。最初的天然温泉自流是处在承压状态，在钻通了一个泄压通道后，当时热水水头高出地面 9m 多，自流量达到 2623m³/d，激发了深部热源的热水都往该井补给涌流而来。但是，此后钾镁温度和石英温度都显示略有波动的趋势性下降，这一现象显示出小汤山热田后期开采量增大而增加了冷地下水的补给。该监测点位于热田的北界，体现的冷水补给更加敏感。热田南部监测井汤热-16 井的温度（表 3-20），考虑到 20 世纪 80 年代和 90 年代的资料，仍然显示了总体的增长趋势，尤以石英温度的增长更为明显，这说明小汤山地热田增大开采后的热源补给在南部确有增强的趋势。

表 3-20　汤热-16 井地球化学温标温度分年分段统计一览表

分年段	1986 年	1991 年	1992 年	2001～2003 年	2004～2006 年	2007～2009 年
钾镁温度/℃	64.59	68.35	65.39	69.47	66.01	68.81
石英温度/℃	70.44	75.81	68.78	75.04	76.87	75.76

3.5.2.3　李遂地热田

李遂热田的水质动态与东南城区地热田相似，其主要化学成分阳离子钠钾的毫克当量百分数和阴离子重碳酸根的毫克当量百分数均呈微弱波动中增长，而溶解固体总量呈波动中有微弱下降，如图 3-42 的动态曲线和表 3-21 的分年段平均值所示。这些说明李遂热田的地热开采同步微弱增加了来自热源和冷水的补给。

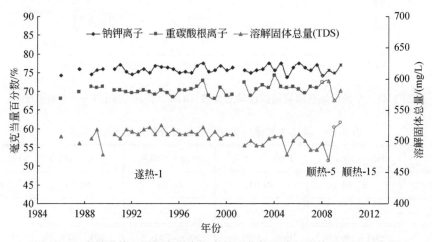

图 3-42　李遂地热田阴阳离子毫克当量百分数及溶解固体总量动态曲线

表 3-21　李遂地热田阴阳离子组成及溶解固体总量分年段统计一览表

分年段	1986～1988 年	1989～1991 年	1992～1994 年	1995～1997 年
（Na+K）/%	75.15	76.30	75.82	75.99
HCO_3/%	69.90	70.78	70.08	70.29
TDS/(mg/L)	503.7	506.6	518.5	513.3
分年段	1998～2000 年	2001～2003 年	2004～2006 年	2007～2009 年
（Na+K）/%	76.54	76.38	76.47	76.51
HCO_3/%	70.01	71.10	71.54	69.54
TDS/(mg/L)	511.5	496.0	502.9	478.3

注：遂热-1 井自 2008 年改为顺热-15 井。

　　李遂地热田由温标计算的钾镁温度在 20 年的监测系列中呈波动有升有降，总体略有下降，但石英温度总体呈微弱上升趋势（图 3-43，表 3-22）。这里看出钾镁温度受冷地下水补给增加造成局部干扰，但石英温度表明来自热源的补给有微弱的增长。

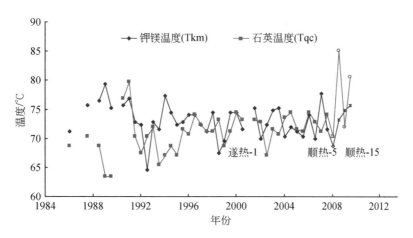

图 3-43　李遂地热田热储温度动态曲线

表 3-22　李遂地热田地热温标温度分年分段统计一览表

分年段	1986~1988 年	1989~1991 年	1992~1994 年	1995~1997 年
钾镁温度/℃	73.70	76.08	71.86	72.88
石英温度/℃	69.33	70.64	68.45	71.15
分年段	1998~2000 年	2001~2003 年	2004~2006 年	2007~2009 年
钾镁温度/℃	71.97	73.98	71.31	70.22
石英温度/℃	72.02	71.03	72.91	73.75

注：遂热-1 井自 2008 年改为顺热-15 井。

3.5.2.4　良乡地热田

　　良乡地热田自 1990 年以来有间断的水质监测，只是 20 世纪 90 年代中期有一段缺失。它所表现的动态变化与其他热田相似，但形式与前略有差异。地热水的主要化学成分阴离子重碳酸根的毫克当量百分数呈明显的缓慢增长趋势，表明了代表常温地下水（冷地下水）的补给有所增长，但阳离子钠钾的毫克当量百分数在细微波动中略有微弱下降趋势，似乎说明了代表热源的补给没有增长。然而地热水中溶解固体总量在 20 世纪 90 年代末略有下降，进入 21 世纪后转为增长趋势，但 2007~2009 年有所下降。这也说明热源补给的增长相对较弱不甚明显，这些规律从图 3-44 和表 3-23 中清晰可见。

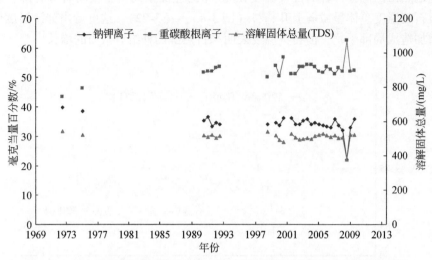

图 3-44　良乡地热田主要阴阳离子毫克当量百分数及溶解固体总量动态曲线

表 3-23　良乡地热田主要阴阳离子组成和溶解固体总量分年段统计一览表

分年段	1990~1992 年	1998~2000 年	2001~2003 年	2004~2006 年	2007~2009 年
（Na+K）/%	34.88	34.61	35.11	33.80	31.83
HCO_3/%	52.47	52.80	52.97	53.14	53.64
TDS/（mg/L）	517.0	508.2	509.0	518.7	494.0

　　良乡地热田用地球化学温标计算的钾镁温度和石英温度亦呈细微波动中有微弱下降，这从图 3-45 的温度动态曲线和表 3-24 的分年段温度统计值可以体现。考虑到钠钾离子毫

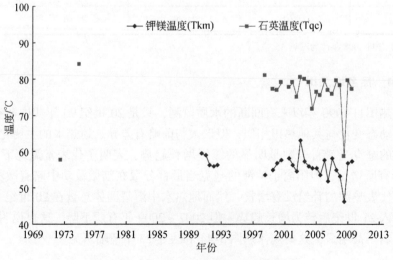

图 3-45　良乡地热田热储温度动态曲线

克当量百分数的微弱下降趋势，似乎都说明了处在北京凹陷西南端的良乡地热田，随地热田开采所得到的代表热源的补给不太明显（不如东南城区、小汤山和李遂地热田），但尚未形成趋势性影响。

表 3-24　良乡地热田热储温度分年段统计一览表

分年段	1990~1992 年	1998~2000 年	2001~2003 年	2004~2006 年	2007~2009 年
钾镁温度/℃	57.24	55.68	57.89	55.01	54.49
石英温度/℃	77.42	78.32	78.21	76.72	74.74

第4章 地热资源勘查与利用

4.1 地热资源勘查

北京市地热勘查经历了历史发展阶段、开始阶段、起步阶段、发展阶段和全面发展阶段，各阶段有不同的勘查内容及趋势。

1. 历史发展阶段（1956 年前）

北京地热资源最早的记载见于南北朝时北魏郦道元编著的《水经注》，元代时小汤山温泉被称为"圣汤"，清朝时康熙、乾隆皇帝在小汤山修建了行宫，乾隆并御笔题词"九华兮秀"。小汤山慈禧太后浴池遗址至今犹存。清朝的《人海记》对小汤山温泉作了记载，书中曰："在昌平州东卅里南，山下有汤泉，行宫在山之东，跨泉为浴池。"《日下旧闻考》曰："汤山泉康熙五年始加疏引，甃池二，并恭建行宫。"

对海淀区温泉村的温泉记载也有流传。据传该地原为一寺庙，在遗址中曾挖出一残碑，虽碑文残失过半，然能略审其大意，"正德壬申（公元 1512 年）其澡浴之屋分左右，别内外贵贱。立碑之日为七月中元"。由碑文可见此温泉 1512 年已存在。

《魏土地记》所载沮阳城北"疗治万病"的温汤即今延庆区佛峪口温泉，可见佛峪口温泉在公元 499 年已经存在。

据以上记载，可见北京市的温泉早已经被开发利用，主要用于沐浴健身。

2. 开始阶段（1956～1970 年）

新中国建立以后，小汤山温泉行宫改为疗养院。在苏联专家的指导下，北京市地质局水文一大队在小汤山温泉周围开展了医疗热矿水勘查，使用手摇钻、机械钻等钻探手段和重力法、电法等方法，圈定了不足 $1km^2$ 的、温度较高的中心区及 $6km^2$ 的、温度较低的外围区，于 1958 年提交了《北京市昌平区小汤山矿泉水文地质勘测总结报告》。20 世纪 60 年代，石油部门在顺义−三河与房山−琉璃河地区开展了 1∶20 万的地震勘探。20 世纪 60 年代中期开始地热资源调查，直至 60 年代末，地热资源勘查没有取得突破进展。

3. 起步阶段（1971～1982 年）

20 世纪 70 年代初随着世界性常规能源短缺，地热能悄然兴起，北京市地热勘探在李四光的指导下正式起步，开始在隐伏的平原区普查地下热水。北京市水文地质工程地质大队在城区进行了浅层测温和重力测量，开展了微体古生物、岩矿鉴定与岩石化学动态监测等工作；在小汤山附近，为满足疗养院的需要，开始凿井抽取地下热水代替干涸了的温泉水，共打了 7 眼井，使小汤山地热田有所扩大。在城近郊区应用浅层测温、重力法和电法手段，选择地热异常地区进行凿井勘探。1971 年在没有温泉露头的条件下，首先在氧气厂和天坛公园打出了地下热水，取得了成功，之后不断扩大成果，至 1978 年成功打出地热井 27 眼，并先后提交了《北京市区热矿水水文地质勘探年度研究报告》《北京市东南城区地下热矿水水文地质勘察总结报告》等。随着地热田面积的不断扩大，其资源的研究利用也随之发展。热水动态观测、水化学研究、洗浴、采暖、种植、养殖、地热水的腐蚀和回灌等开发利用工程、热储工程等开始了试验研究。在联合国开发计划署的赞助下，地质勘探工作不断深入，并进行了资源评价。1982 年提交了《北京城区地热田资源评价及开发利用规划报告》。该阶段，地热勘探、开发利用以及热储工程、系统工程和效益研究等全面展开，并取得成功。

4. 发展阶段（1982～1995 年）

1982 年开始，北京市地热勘查已面向广大平原区，开展了平原区浅层地温普查工作，1982 年，北京市水文地质工程地质大队提交了《北京城区地热资源评价及开发利用规划报告》，确定地热田面积为 100km^2，采用质量平衡法评价热水的可采资源量为（770～800）×10^{4}m^3/a；此期间还与联合国开发计划署进行了学术交流。1983 年提交了《北京市平原地区浅层地温普查报告》；1985 年提交了《北京市小汤山地热田地下热水资源评价勘察报告》。1985 年对若干局部构造进行地热普查钻探，如顺义县（现顺义区）李遂乡的208-4 勘探井打出了 43℃地热流体，揭开了顺义县李遂乡地热的面纱；普 8 井于 1248m 获得 50.2℃的地热水，显示了延庆盆地的地热前景；顺热 1 井出水温度为 46℃，证实天竺—首都机场一带良好的地热条件。1986 年，中华人民共和国国家计划委员会、地质矿产部和北京市发展计划委员会相继下达"北京地热勘查"项目。"七五"期间的这个项目指的是北京市平原区地热普查，同时包括对 1970 年以来的地热勘查做系统总结，其间提交《北京城区地热资源开发利用综合试验科学研究报告》、《北京市顺义县南彩—李遂地热田地热详查地质报告》及《北京市平原区地热普查地质报告》。特别是项目的实施和第三个报告的提交，表明了北京市地热勘探已进入到广大隐伏区的全面勘查阶段。1989 年在综合钻井、动态监测、回灌试验与地球化学研究的基础上，北京市地质工程勘察院提交了《北京城区地热资源开发利用综合试验研究报告》，地热田面积扩大到 120km^2，采用多元相关分析方法计算出评价地热田内地下热水可开采资源总量为（898～1197.4）×10^{4}m^3/a。

5. 全面发展阶段（1996 年至今）

丰台科技园区、云岗地区、大兴安定、顺义后沙峪、城北地区、城西地区相继开凿出地热井，大大扩大了平原区地热田面积；1998 年在丰台科技园区成功钻成一眼 3608m 的热水井，取得了 88℃地热水，从而结束了北京市地热几十年来长期徘徊在 70℃以内水温的局面，为北京市利用地热采暖提供了良好前景；地热开发利用向"高层次、低消耗、高产出"方向大大迈进，在东南城区、小汤山、延庆、良乡等地相继建立了一批以地热资源为依托的温泉度假村、温泉娱乐园、高档次的温泉会议中心、温泉宾馆和康体中心等，推动了相关产业的发展，地热资源开发的环境效益、社会效益更加突出。在此期间，1998 年提交了《北京市小汤山地热田地热资源评价报告》，评价精度达到 B+C 级；1999 年在综合分析已有资料的基础上，北京市地矿局提交了《北京市 21 世纪初期地热资源可持续利用规划》，采用热储法计算东南城区地热田在 192km^2 范围内、2500m 以浅储存的地热能资源

量为 2400×10^{10} kJ，储存的地热水总量为 13.57×10^{8} m³，评价可采地热水资源为 814.20×10^{4} m³/a，可利用热量为 137.76×10^{10} kJ；2000 年，北京市地质调查研究院提交了《北京城区地热资源调查评价报告》，采用热储法计算了 304km² 范围内、4000m 以浅热储中储存的地热水总量为 51.91×10^{18} J，折合为 17.71×10^{8} t 标准煤的发热量；储存的地热水总量为 20.80×10^{8} m³，含热量为 453.69×10^{15} J，折合标准煤为 1548×10^{4} t。采用多元相关与比拟法，计算出 304km² 范围内、在平均水位下降速率为 2m/a 的条件下，东南城区地热田地热水可开采量为 942×10^{4} m³/a；2002 年提交了《北京市房山区良乡地区地热资源综合评价报告》。

多年来，随着经济发展、人民生活水平的提高、旅游业与房地产业的发展，2008 年北京奥运会举办成功，北京市地热资源勘查与开发出现了快速发展的新形势，申请开发地热的单位剧增，地热井的深度已由 1990 年以前的 1000m 左右，急增至 2000～3500m，有的地热井已超过 4000m，最深达 4016m。地热开采量的不断增大使北京市各地区地热水位逐年下降，有的地区最大年降幅达到 2.0m，为了保护和合理开发利用地热资源，实现可持续发展，并为地热管理部门提供相关科学依据，北京市地质勘探开发局 1996～2000 年提交了《北京市地热资源勘探及其开发利用区划》《北京市 21 世纪初期地热资源可持续利用规划》《北京市地热资源合理开发利用和保护研究》，使地热资源勘查和开发利用进入全新阶段。

多年来，不同地质找矿专业对平原区进行了不同目的的地质勘探，而且各有侧重，这些成果对地热勘探来说是非常重要的，具有一定的共同性，为地热勘探所用，提高了地热研究程度，例如，石油部六四六厂于 1969 年完成了北京市平原区及其东、南地域的 1∶10 万重力勘探成果。

总体而言，近年来分散的勘查类地热资源开发利用项目比较多，但与地热资源调查和区划相关的综合研究类项目较少。

4.2　地热资源开发利用历史

北京地热资源的开发利用最早见于北魏郦道元的《水经注》，其中记载了延庆州佛峪口的塘子庙温泉，可沐浴治病。而最有名的当数小汤山温泉，小汤山温泉从宋元开始，就受到众多皇家、政要、名人雅士的追捧，并为此赋词吟诗，清代以来小汤山温泉更以其独特品质受到皇家赞赏，并修建温泉行宫，专供皇室享用，直到新中国成立后人民政府在此修建温泉疗养院，人民群众才得以使用。

4.2.1　小汤山地热开发利用历史

北京市进行地热资源的勘查是在新中国成立后开始的，而最早的勘查工作是从小汤山地区开始的。20 世纪 50 年代中期在苏联专家的指导下，北京的地质工作者于 1956～1958 年在小汤山地区开展了热矿水普查工作，完成钻孔 17 个，总进尺 4200 余米。1958 年提交了《北京市昌平区小汤山矿泉水水文地质勘测总结报告》，这是北京市第一次针对地热资源进行的勘查工作并编写的专门报告,虽然当时所做的这些工作在今天看来有一定的局限性,而且当时的勘查报告中也没有对当地的地热地质构造进行专门的分析,但它提出的一些工作思路和工作方法以及所取得的成果为以后小汤山地热资源在更大范围内的发现奠定了基础。

1970 年后,小汤山地区的地热工作有了一定的进展,陆续钻凿了几眼地热井,特别是经过对小汤山地区的地质普查和在分析 1958 年勘查资料的基础上,地热工作者认为在1958 年划定的低于 22℃的范围内的阿苏卫农场地区穿过上覆的黑色页岩后就可见到白云岩热储;1974 年 3 月在渔场内钻凿一眼地热井(编号汤 5-2 井),井深 329m,出水温度达到 42℃,出水量达到 968m³/d,该井的钻凿成功突破了前人圈定的范围。1978 年,随着对小汤山一带的浅层地温普查工作的进行,发现小汤山南部为地热异常区,范围约为20km²,呈北西向展布,小汤山位于此高值区的北端,中心在北马坊北部,小汤山地区地热勘查重点应放在南部,直到 1981 年,在位于小汤山南部的北京市园林局苗圃院外路东成功钻凿汤热-7 地热井,获得出水量为 1380m³/d、出水温度为 59.4℃的自流热矿水,这一温度高于小汤山温泉的最高出水温度 50℃,这一钻井的成功使得此前对小汤山地热地质勘查重点在南部地区的认识得到验证,在此后的钻井过程中,也证实了小汤山南部具有良好的地热前景。1985 年完成的《北京市小汤山地热田地下热水资源评价勘察报告》圈定了小汤山地热田面积为 23km²,有地热井近 20 眼。到 2006 年小汤山地热田面积不断扩大,已有成功的地热井 80 多眼。经过半个多世纪的发展,地热资源成为小汤山的特色名片享誉海内外,这一成果的取得与北京的地热工作者多年来在该地区的持续努力分不开。2005年 10 月小汤山被中国矿业联合会命名为"中国温泉之乡"。

4.2.2　东南城区地热开发利用历史

20 世纪 60 年代初,通过地质构造研究,当时地热工作者类比天津和华北平原的地热地质条件,认为在北京平原区寻找热矿水是极为可能的。1964 年,由当时的地质部水文地质工程地质第一大队组织成立了热矿水组,负责北京地热的勘查工作。热矿水组成立后,从 1964 年起在城区周围逐渐发现洼里、北京大学西门、沙河以及良乡东关等多处地热异常点,1965 年开始对洼里地热异常区展开一系列工作,并于 1965 ~ 1967 年完成 3 眼热矿水探孔,但这些工作却并未获得理想温度的热矿水。地热工作者对所做工作进行研究总结,认为北京所发现的良乡东关、沙河等这些热异常均产生于碳酸盐岩中,而小汤山地热泉也来自碳酸盐岩中,所以在北京市勘查热矿水重点应关注碳酸盐岩,同时通过洼里探孔的教训,认为热储应该处于封闭的状态,即需要温度得以保存的条件——盖层,浅层热异常若没有盖层,在深部将得不到良好的增温效果。此时期北京市的地质、重力、磁法、电法、地震等相关工作也有了很大的发展并取得了一定的成果,综合研究分析这些已有成果,地热前辈认为在"北京迭凹陷"内应存在热储,但由于当时特殊的历史原因,这些认识和判断并未得到验证。这样东南城区的地热勘查工作也直到 20 世纪 70 年代才取得实质性进展。

20 世纪 70 年代初,当时由于世界石油危机爆发,时任地质部部长的李四光积极倡导开发地热能来代替部分有限的煤、石油等化石燃料，随之全国地勘单位均将地热勘查作为重点之一，在全国各地有希望前景的地区进行地热调查和勘查。20 世纪 70 年代初重新成立的地热组受到李四光的亲自接见，他对北京地热资源的勘查工作提出了指导意见："开展地温场、地质构造、地球化学等的研究。"这对北京市的地热开发起到鼓舞和指导方向的意义，在这种精神的指导下，地热工作者于 1970 年 4 月在地质部大院布置了第一个地热钻孔，编号为京热-1 号，目的是了解北京的古近系和新近系是否存在热储。1970 年 5 月和 8 月又分别在天坛公园和氧气厂布置了京热-2 号和京热-3 号两个地热钻孔，主要是考虑到该两处位置处于北京凹陷东南翼，盖层深度较轴部浅，千米钻机就能钻遇碳酸盐岩热储。京热-3 钻井经过七个月左右的施工，于 1971 年 3 月在井深 650m 处完钻，最终获得出水温度为 39.2℃、出水量为 1144m³/d 的热矿水；京热-2 地热井也在同年 6 月获得出水温度为 48℃、出水量为 968m³/d 的热矿水；特别是 1971 年 8 月在北京站南侧钻凿得编号为京热-5 地热井，顺利钻出 53℃ 的热矿水，并且热水自流，该井的成功引起了北京市民的轰动，在市民中造成了很大的反响，卫生部等医疗单位对热矿水的医疗价值进行了调查，最后卫生专家肯定该水质对一些疾病具有很好的疗效。这三处地热井的陆续成功，意味着在东南城区勘查地热矿水工作取得了突破。此期间地热工作者在东南城区范围内开展了地球化学、地热温标及同位素等研究并取得一定成果。1978 年及 1982 年地热工作者先后完成了《北京市东南城区地下热矿水水文地质勘查总结报告》和《北京城区地热资源评价及开发利用规划报告》并获得地矿部找矿二等奖。在理论成果发展的同时，1982 年北京城区地热钻井的数量也超过 50 眼，同时圈定城区热田面积达到 100km²。

从 1971 年完成东郊氧气厂地热井到 1997 年，钻凿地热井主要分布在北京城区三环路东北的三元桥和西南的万柳桥两者连线的东南一侧。随着钻探能力的提高，钻井深度的增大，地热工作者对整个北京城区地热地质条件的认识也逐步提高，认为不仅东南城区存在地热资源，整个北京城区都处于"坨里-丰台迭凹陷"内，也应存在地热资源。

北京市地热勘查的发展和石油部门的辛勤工作也是分不开的，从 20 世纪 60 年代开始石油部门就先后在北京市钻凿多眼勘查井，特别是在 1980 年前后，在北京凹陷内钻凿了丰参 1 井和丰参 2 井，这两口井对了解"坨里-丰台迭凹陷"沉积中心的地热开发提供了参考依据。1993 年 1 月在花乡大葆台地区完成一眼深为 2572m 的地热井，这是在"坨里-丰台迭凹陷"的沉积中心附近首次揭示蓟县系铁岭组和雾迷山组的热储。1998 年 9 月在四环路西南角钻凿的京热-59 地热井，井深为 3609m，获得出水温度为 88℃、出水量为 1550m³/d 的热矿水。该井靠近坨里-丰台迭凹陷的沉积中心，成为北京市当时出水温度较高的地热井之一。

"坨里-丰台迭凹陷"有两个沉积中心，以永定河为界，分为东西两部分，东部南翼处于北京城区东南部，是北京早期地热开发比较集中的部位，到 20 世纪 90 年代中期为止，按地热井编号京热-70 号以前的大部分成功地热井均分布在该区域内，而东部西北翼的地热开发从 20 世纪 60 年代开始就备受关注，也进行了积极的探索，从早期的布井格局就可以看出，如 20 世纪 70 年代施工的京热-4 井（花园路附近）、京热-19 井（北洼）、京热-22 井（八里庄）、京热-25 井（北太平庄）等一批地热井和 1989 年施工的京热-53 井（安东桥南）等地热井均分布在"凹陷"的西北翼，它们的累计进尺已超过 5000m，却均未获得地热水。但这些钻井对"坨里–丰台迭凹陷"东部沉积中心西北翼的地质情况提供了诸多的信息，同时从京热-25 地热井测温显示，全孔地热增温率达到 2.5℃/100m 以上，是非常有希望获得地热资源的地区。但"坨里–丰台迭凹陷"西北翼一直无成功地热井的局面直到 2000 年左右京热-76（花家地）和京热-81（马甸）地热井先后钻凿出地热水才得以扭转，从此拉开了在凹陷西北翼地热开发的序幕。对"坨里–丰台迭凹陷"西北翼的地热地质勘查投入的工作量是巨大的，并未取得令人满意的结果，如京热-98 井（地坛附近）的进尺工作量超过 3800m，并未能获得理想的热矿水，但所有这些钻井使地热地质工作者对认识西北翼的地质构造情况有了更深的了解。其后在金融街、解放军总医院、总参通讯部、钓鱼台国宾馆等地先后成功钻凿出热矿水，于四元桥附近的京热-120 井获得了89℃的地热水，京热-120 井为北京市温度最高的地热井；在二环路西北角索家坟附近的京热-117 地热井测得北京市最高的地热水位，高出地面 41.8m。通过对这些已有钻井的资料分析，地热工作者对"坨里–丰台迭凹陷"西北翼的地热地质情况有了更进一步的了解。

"坨里–丰台迭凹陷"西部沉积中心的地热勘探工作始于 20 世纪 90 年代中期以后，从地质构造上来看，"良乡凸起"的存在将"坨里–丰台迭凹陷"和"琉璃河–涿县迭凹陷"这两个Ⅳ级构造单元分开。"坨里–丰台迭凹陷"西部沉积中心从地层情况来看，存在着一套完整的白垩系，1999 年 7 月在丰台区王佐乡附近完工的京热-73 地热井，井深为3103m，获得出水温度为 65℃、出水量为 737m³/d 热矿水，同时该井揭示了自夏庄组至东狼沟组一套完整的地层。其后 2000 年 10 月其西侧的"北京世界地热博览园"范围内的京热-96 地热井完成施工，井深为 2950m，获得出水温度为 69℃、出水量为 1780m³/d 的热矿水。2000 年，在这一地区北部云岗施工的京热-88 地热井钻探深度达到 4168m，该井成为当时北京市最深的地热钻井，但遗憾的是该井却未能取得较为理想的热矿水。从这些地热钻井来看，这一地区热储埋藏深度较大，成井风险也较大。

定福庄位于东南城区和通州之间，该地区所属大地构造单元为"坨里–丰台迭凹陷"，在东南城区地热田东部。早在 1974 年 5 月，石油部门就在定福庄施工一眼地热井（编号为定水-2 号），井深为 1002m，出水温度为 38.6℃，钻井显示该处第四系下伏为古近系和新近系，古近系和新近系直接上覆于蓟县系白云岩上，1985 年 11 月在同一个构造单元内施工热普-6 井，井深为 931m，揭示了在青白口系下马岭组下伏完整的蓟县系铁岭组和洪水庄组，在雾迷山组顶部终孔。其后由于该处水温较低，地热开发局面一直没有打开，直到 1995 年中建一局集团第五建筑有限公司领导为改善职工居住条件，最终于 1996 年 1 月完成定 1-5 地热井的施工，井深为 1400m，获得出水温度为 45℃、出水量为 1400m³/d 的热矿水。从此打开该地区地热开发局面，其后在附近陆续施工京热-61 井、京热-64 井、京热-74 井、京热-78 井及京热-121 井等一批温度较高的地热井，其中京热-64 井即在原定水-2 井附近。

4.2.3　延庆地热开发利用历史

延庆盆地在地质构造单元中属于"延庆新断陷"Ⅳ级构造单元，延庆–怀来盆地是我国北方温泉分布较多的地区，在温度分布上有着西高东低的特点。延庆盆地是北京四个地热异常带之一（另外三个为胡家营地热异常带、东五里营地热异常带和三里河地热异常带）。

延庆地区的地热开发开始于 20 世纪 70 年代，为寻找地热在延庆城关东五里营钻凿两口井，分别为庆-1 井和庆-2 井，在该钻井中获得 32.5℃ 的地热水，并且水头高于地面 22m 左右，这预示着延庆县城附近有存在地热资源的可能。1987 年在实施北京市地热普查过程中，在延庆北三里河地区施工热普-8 井，井深为 1304m，在 1250m 处获得井温为 50.5℃ 的地热水。1989 年在热普-8 井附近施工了延热-1 井，设计井深为 1800m，由于事故影响被迫在 1455m 处终孔，未能最终获得地热水。时隔四年后，1993 年北京八达岭旅游开发总公司投资在当地完成了编号为新延热-1 地热井的钻凿，最终井深为 2006m，获得了自流量达到 1850m³/d、出水温度为 52.5℃ 的地热水。经过 17 年的不断努力，直到新延热-1 井的成功才宣告延庆盆地地热探索局面的打开，这之后延庆地区才陆续有其他地热井钻凿成功。经过多年的发展，延庆地区已有地热井近 20 眼，这些宝贵成果的取得与地热工作者多年来对延庆盆地地热资源情况持续不断的关注和研究分不开。

4.2.4　良乡地区地热开发利用历史

良乡地处北京市西南部，该区并没有温泉出露。良乡地区处于"坨里-丰台迭凹陷"和"琉璃河-涿县迭凹陷"两个Ⅳ级构造单元分界的地方，俗称"良乡凸起"。

良乡地区的地热开发历史可以追溯到 20 世纪 50 年代，是北京市最早人工凿井发现地下热水的地区之一，当时地质部门在良乡地区进行供水水源地勘查过程中获得了 30℃ 左右的温水。20 世纪 60 年代地热工作者在该地区进行了一系列的地热调查工作，并在良乡东关发现了一些地热异常点。从 1975 年 6 月 438m 深的良热-1 地热井钻凿成功后，到 1995 年这 20 年的时间内，该地区钻凿 8 眼地热井，出水井也只有一眼温度为 40.5℃，其余均小于 40℃，这种局面直到 1995 年才有突破，7 月完成碧-1 井，井深为 1501m，获得出水量为 2163m³/d、出水温度为 54.6℃ 的地热水，该井对良乡地区地热开发具有重要意义。此后该地区地热井数量才逐渐增多并出现一些较高温度的地热井，从此良乡的地热开发才出现一片繁荣景象。

4.2.5　京西北地区地热开发利用历史

1. 沙河地区

沙河地区有较好的地热显示，它处于北京四个地热带之一的温泉—沙河—小汤山地热带内，但当地的地热开发却经历了近 30 年漫长的路程才取得突破。早在 1968 年在沙河百货公司院内施工的震-3 井在 285m 深的井中获得 25℃ 地热水，显示了该地区良好的地热前景。1977 年位于沙河镇西侧的北京地勘局一〇二队院内施工了一眼井，于井深 657m 处成井，获得 27℃ 的热水。其后 1981 年在温泉—沙河供水项目中在满井和小沙河地区施工两眼井，并于 500~600m 井深中获得 32~35℃ 的地热水。这一现象一直受到地热地质工作者的关注，直到 1990 年进行地热普查中，地热工作者在沙河东地区圈定出 16km² 的地热田，储量定为 D 级。

早在 20 世纪 90 年代，当地单位就有在基地内开发深部地热的设想，但沙河镇西侧从已取得的航磁探测资料中显示磁场具有很高的强度，与位于西部的阳坊花岗岩体在等值线图中连成一片，据此判断在该地区深部具有存在岩体的可能，受此影响，开发计划迟迟未能实施。直至 2000 年沙河北侧的沙热-4 井在井深 2850m 处获得 49℃的热矿水和马连店附近的沙热-5 井在井深 2600m 处获得 69℃的热矿水，该地区地热开发的局面才被打开。沙河地区地热的发展前景十分乐观。

2. 京西地区

京西地区在地质构造上处于门头沟迭陷褶与坨里-丰台迭凹陷两个Ⅳ级构造单元相邻地区，该地区的地热勘查工作起步相对较晚，研究程度也相对较低，该地区早期的钻孔主要是煤田地质部门钻凿的一些探孔，未进行专门的地热地质条件研究。直到 2000 年 10 月在槐树岭完成的京热-92 井，井深 3808m，获得了 52℃的热矿水，该井位于永定河西侧坨里-丰台迭凹陷的北缘，钻井揭穿了自长辛店组至九佛堂组一套完整的地层后见奥陶系灰岩，下伏寒武系至青白口系一套完整地层，这一钻井上部揭示坨里-丰台迭凹陷地层，而下部却穿过断裂揭示门头沟迭陷褶地层，这一钻井虽在坨里-丰台迭凹陷内，深部却反映门头沟迭陷褶的地热地质条件。1999 年，在位于香山和玉泉山之间的普兰店附近施工香热-1地热井，于井深 3840m 获得出水温度为 42℃、出水量为 1500m³/d 的热矿水，成为这一地区地热开发的"先行者"，该井揭示了门头沟迭陷褶内从石炭系至蓟县系铁岭组一套较完整的地层，对门头沟迭陷褶腹地的地温场特征有了初步了解，对这一地区进一步的地热地质研究提供了宝贵的参考资料。2003 年和 2004 年在永定镇分别施工两眼地热井，编号为永热-1 井和永热-2 井，分别获得了 49℃和 56℃的热矿水。2006 年 9 月在衙门口村完成的京热-167 井，井深达到 4088m，获得了 64℃的热矿水，这也是迄今为止京西地区获得成功的最深的地热井。

门头沟迭陷褶是中生代褶皱构造运动表现相对集中的地区，它处于斜河涧—颐和园褶皱构造带，在颐和园以西有门头沟复式背斜等，而在颐和园以东褶皱构造隐伏与平原之下，存在海淀隐伏背斜，俗称"昆明湖背斜"。该背斜主要由石炭-二叠系及下中三叠统所组成，它的核部由奥陶系组成。早在 20 世纪 70 年代中后期，北京市的地热工作者尤其是北京大学的地质同行就对该背斜找热矿水有着深厚的兴趣，但由于当时钻探能力有限，未能实施，直到 2001 年 11 月才在北京大学内完成京热-119 井，井深 3136m，在雾迷山组内获得了 59℃的地热水。

总体来看，京西地区的地热是在 2000 年以后才真正发展起来，这与当时我国经济水平提高以及钻井技术的发展有着密切的关系。已有的地热钻井深度基本均大于 3000m，甚至个别井深大于 4000m，表明经济技术水平的发展对扩展地热勘查的范围起到非常大的作用，也可以使地热资源在更广大范围内造福于人民。

4.2.6　顺义地区地热开发利用历史

顺义地区地质构造处在顺义迭凹陷（Ⅳ构造单元）内，它又由后沙峪、天竺、东坝、俸伯四个次一级的凹陷组成。北西向的南口-孙河断裂和北东向的顺义断裂在此交会，使得顺义迭凹陷内的地质构造条件更为复杂，同时顺义迭凹陷内上新世以来沉积厚度为800m，仅次于延庆盆地，这对当地深部的地热地质条件研究增加了一定的困难，但同时巨厚的上新世沉积也为下部热储提供了良好的保温盖层。

1. 天竺地区

天竺地区在地质构造上处于顺义迭凹陷的次一级凹陷天竺凹陷内，近千米厚的新近系是较好的保温盖层。该地区的地热开发历史始于 20 世纪 80 年代初，1983 年 9 月在首都机场完成了编号为顺热-1 地热井，该井井深达到 1634m，出水温度为 48℃，出水量为 2900m³/d，该井的钻凿成功开启了天竺地区地热钻探的序幕，1990 年平原区地热普查时圈出 21km² 地热田面积（D 级），其后该地区陆续有一批钻井出现，特别是 20 世纪 90 年代中期后，随着北京市地热开发高潮的到来，在天竺—李桥一带钻凿成功多眼地热井，该地区的地热开发逐渐形成了一定规模。

2. 李遂–南彩地区

李遂–南彩地区的地热开发是在地热工作者有目的的勘查过程中发现的。1984 年底当时的北京水文队在布置第二年的生产任务时，准备在顺义县（现顺义区）东部柳各庄地区施工一眼凉水井，当时地热室的技术人员认为该地区物探资料反映为蓟县系白云岩深度为 400~500m，浅层测温资料显示为地温异常区，若该井经过加深有望获得地热水。经研究决定加深此井，1985 年 7 月成井，成井深度为 451m，获得水温为 43℃、出水量为 1143m³/d 的热矿水。其后在南彩乡魏辛庄地区钻凿一眼深度为 500m，水温为 54℃、出水量大于 1000m³/d 的地热井，可以说"轻易"拉开李遂地区地热开发的序幕。1990 年进行地热普查时，地热工作者在该地区圈出地热田面积为 40km²（D 级）。

3. 后沙峪地区

后沙峪凹陷为顺义迭凹陷的主体，它处于顺义断裂的西北侧，呈近圆形状展布于后沙峪镇一带。1977 年就曾在该地区进行过钻探工作，钻孔深度 701m 仍没有揭穿第四系。1982 年石油部在该地区进行油气普查时也曾钻探一眼勘探井，孔深 1868m 未揭穿侏罗系。直到 2000 年前后开始在后沙峪凹陷的南缘温榆河附近钻凿成功多口地热井，而且水温和水量均较高，该地区的地热开发工作才取得突破性进展。已取得的钻井资料显示，该地区蓟县系热储埋藏深度较大，所需钻井深度也较大，目前该地区开发的地热井目的层以奥陶系、寒武系和侏罗系热储为主，这与物探资料显示后沙峪凹陷处于重力负异常相吻合，具有航磁高异常的特征。2002 年在该地区完成的顺后热-2 井，井深为 2920m，获得出水温度为 75℃、出水量为 1965m³/d 的热矿水，该井所获热矿水就赋存于侏罗系裂隙中，为北京市寻找侏罗系裂隙型热储奠定了基础。

4.2.7　通州–南苑地区的地热开发利用历史

大兴迭隆起（Ⅲ级构造单元）内的黄庄迭凸起（Ⅳ级构造单元）包括了大兴地区大部和通州西南部的一部分地区。通州双桥至南苑地区一线处于"黄庄迭凸起"的北缘，地热地质条件相似。

20 世纪 70 年代后期，在北京地区进行地震地质工作时，在通州地区钻凿了十多个钻孔。这些钻孔对了解通州地区新生界以下的地质情况提供了宝贵的资料；在该地区供水井勘查过程中也显示出较好的地热前景，这些都为以后分析该地区地热地质条件和实施地热钻井工作提供了依据。1989 年地热普查时，地热工作者在通州东南的张喜庄施工了热普-10 井，该井在井深 504m 处揭穿第四系见到下伏的雾迷山组白云岩，但该井的出水温度不到 30℃，经过水化学计算，显示该处水温曾经达到 50℃左右，分析其原因是上部盖层保温条件不好。1989 年 1 月在通州西面的双桥地区完成一眼地热井（编号为双深-1 井）的钻凿，井深为 1556m，获得出水温度为 43℃、出水量为 1800m³/d 的热矿水，其揭穿第四系、寒武系、青白口系等地层，开采了蓟县系铁岭组的地热水。1998 年施工的京热-58 井，吸取了双深-1 井的经验，揭穿蓟县系铁岭组和洪水庄组地层，在蓟县系雾迷山组地层内成井，获得了 46℃ 的热矿水。自此这一地区地热开发的局面初步形成。其后在该地区陆续钻凿多眼地热井，如 2000 年前后在南苑地区钻凿成功的京热-70 井和京热-87 井，揭示地层与双深-1 井相似，并分别获得了 48℃ 和 54℃ 的热矿水。

4.2.8　北部山前地区的地热开发

昌平、怀柔以及平谷地区处于华北平原的最北端，且大部地处山区，只有少数地区处于山前平原地带。昌平、怀柔地区从大地构造单元上属于燕山台褶带（Ⅱ级构造单元）密（云）-怀（来）中隆断（Ⅲ级构造单元）的昌（平）-怀（柔）中穹断（Ⅳ级构造单元）内。

1. 昌平山前地区

昌平附近为山区向平原过渡的斜坡地带，著名的小汤山温泉即出露于此，昌平西部据历史记载，"汤峪"曾有温泉出露，此地点至今未得到考证。从地质条件看，这一地区在十三陵水库—下庄等山前地带附近有一走向北东的大型逆冲推覆断裂，特别在十三陵水库附近大面积出露了中新元古界地层，这些情况从地热地质角度分析，对本区地热资源的形成并非有利，因为可能形成热储的地层在本区大面积出露，又由于补给源近，冷水没有经过充分的增温，水温不会很高，不是地热异常区。

在 1997 年 1 月完成的昌平旧县附近的昌热-1 井，井深为 1917m，出水温度为 43℃，出水量为 1200m³/d，该井主要取高于庄组储层的热水，在昌平地区地热勘查首开先河。此后在 2001 年施工的昌热-2 井，揭示地层与当地出露地层层序非常一致，最终井深为 3779m，出水温度为 40℃，后来在该地区又陆续施工几眼地热井，其中 2002 年完成的昌热-4 井，井深为 3800m，出水温度达到 53℃，成为这一地区温度较高的地热井。从这一地区地层增温率来看，该地区地层增温率均不足 1℃/100m，而昌热-4 井也只有 1.1℃/100m，属于自然增温，所以该地区钻凿地热井深度都较大。

2. 怀柔地区

怀柔地区从地热地质条件来看，与昌平山前地区相似，并不处于地热异常区。该地区的地热开发工作是在 2000 年以后才开始起步的。2000 年施工的怀热-1 井，井深为 1500m，未成井，从钻井揭示地层看，该井第四系厚约为90m，下伏侏罗系，1500m仍未揭穿，其后在2001年施工的怀热-2井，井深为1239m，该井揭穿蓟县系铁岭组、洪水庄组、雾迷山组等地层，但井底温度仅为17.5℃，最终未能成井。直到2006年完成的怀热-3井才结束了该地区无成功地热井的历史，该井井深为3000m，出水温度为40℃，出水量为603m³/d左右，该井最终揭示热储为寒武系地层。从地热地质条件分析，这些山前地区地热地质条件欠佳，因为这些地区距大气降水补给源近不能经过充分的增温，所以在这些地区只有加深钻井以获得较高的温度，但这也要保证深部有较好的储水地层。

3. 平谷地区

平谷地区属于平谷中穹断（Ⅳ级构造单元），平谷中穹断为蓟县中凹陷的最西端，是燕山裂陷槽强烈下陷的中心区。1998年12月在平谷区滨河开发区完成的平热-1井，井深为3009m，出水温度为41.2℃，出水量为2301m³/d，该井揭穿近2000m的长城系地层，主要热水储集层也为长城系高于庄组。2000年3月在平谷区的黑豆峪京东大溶洞施工一眼地热井，井深为2413m，在2400m处获得井温为37℃的地热水，该井揭穿第四系下伏为长城系。

从现阶段看，这些山前地区（昌平、怀柔、平谷）目前对于地热地质条件的研究程度还较低，地热井数量也较少，但从现有资料看，这些地区井深在3000m左右应该能获得40℃左右的热水，随着社会经济的发展，这些地热开发次优地区的开发工作也越来越受到人们的重视，相信随着地热工作的逐步深入，我们对这些地区的地热地质情况的认识也会逐步提高。

4.2.9　北京南部和东部地区地热开发的探索

北京市的Ⅳ级大地构造单元中有五、六个处于北京市辖范围内的东缘和南缘，这些构造单元由于地处远郊区、经济发展局限，地热资源的开发程度较低，地热井的数量也较少。

1. 窦店—琉璃河一带

房山区的窦店—琉璃河一带在大地构造上属于琉璃河-涿县迭凹陷，它向西南延入河北省。该凹陷内除北京市范围内北端的良乡凸起附近及北京境外的涿州地区获得地下热水外，大部分地区尚未钻凿地热水。多年来对该地区的地热资源的研究较少，其具体的地温场特征尚不清楚，今后应加强对该地区的地热普查力度。

2. 凤河营地区

凤河营地区在大地构造上位于大兴迭隆起（Ⅲ级构造单元）的牛堡屯-大孙各庄迭凹陷（Ⅳ级构造单元）。该地区处于北京四大地热异常带之一的榆垡—采育—西集地热异常带内，这一地区除了20世纪70年代在凤河营附近由石油部钻凿的桐-7井外，其他地区尚未见相关报道。凤河营地区于20世纪60年代在石油部门进行油气普查过程中，做过大量的多种物探工作，并施工了诸多钻孔，取得了一些井温资料，经过对上述资料的分析，1990年《北京市平原区地热普查地质报告》圈出了60km²的地热田范围（D级）。2005年完成的《北京市地热资源潜力勘查评价》报告中圈出地温梯度大于 2.5℃/100m 的地热异常区 470km²，地温梯度在 2.0～2.5℃/100m 的地热前景区 460km²，这都显示了该地区良好的地热前景。

3. 大兴南部地区

大兴南部地区构造位置属于固安新凹陷（Ⅳ级构造单元），凹陷的沉积中心在固安县城西南的固城附近，北京市辖区内仅为此凹陷的北部边缘，它与黄庄迭凸起（Ⅳ级构造单元）南部相邻，该凹陷内在固安县城西南钻凿固-2 井揭示新生界厚度超过 3200m，而 1999 年 5 月在位于大兴榆垡镇钻凿的兴热-1 井在 850m 左右即揭穿新生界，见长城系高于庄组热储，获得 47℃ 的地热水，其南侧约 1km 的兴热-7 地热井却在 1500m 左右才揭穿新生界见长城系高于庄组。这些钻井所揭示新生界的差异也恰好证实该地区处于固安新凹陷和黄村迭凸起的相邻部位。该地区地热资源开发重点应放在对新生界孔隙型热储的研究上。

北京市地热资源开发利用过程中具有重要意义的钻井情况见表 4-1。

表 4-1　北京市具有重要意义钻井一览表

地区	钻井编号	时间	产能	意义
小汤山	汤 5-2	1974 年	出水温度 42℃ 出水量 968m³/d	突破前人圈定的低温范围
	汤热-7	1981 年	出水温度 59.4℃ 出水量 1380m³/d	证实小汤山南部良好的地热条件
东南城区	京热-3	1971 年 3 月	出水温度 39.2℃ 出水量 1144m³/d	北京城区第一眼成功的地热井
	京热-5	1971 年 6 月	出水温度 53℃ 出水量 1144m³/d	引起北京市民的轰动
	京热-20	1976 年	出水温度 69.5℃ 出水量 554m³/d	向中南海提供热矿水
	京热-117	2002 年	最高热恢复水位 41.8m	北京地区热恢复水位最高的地热井
	京热-120	2003 年	出水温度 89℃ 出水量 1019m³/d	北京地区出水温度最高的地热井
	京热-160	2006 年	出水温度 76℃ 出水量 603m³/d	向钓鱼台国宾馆提供热矿水
延庆	庆-2	1977 年	出水温度 32.5℃ 出水量 810m³/d	预示延庆盆地的地热前景
	新延热-1	1993 年	出水温度 52.5℃ 出水量 1850m³/d	打开延庆地区地热开发的局面
良乡	碧-1	1995 年	出水温度 54.6℃ 出水量 2163m³/d	开拓了良乡地区地热开发新局面

地区	钻井编号	时间	产能	意义
京西北	香热-1	1999 年	出水温度 42℃ 出水量 1500m³/d	门头沟迭陷褶内第一眼地热井
	沙热-5	2000 年	出水温度 69℃ 出水量 887m³/d	开拓沙河地区的地热开发新局面
	京热-167	2006 年	出水温度 64℃ 出水量 2324m³/d	北京地区最深的成功地热井，井深 4088.88m
顺义	顺热-1	1983 年	出水温度 48℃ 出水量 2900m³/d	天竺地区第一眼地热井
	208-4	1985 年	出水温度 43℃ 出水量 1143m³/d	李遂地区第一眼地热井
	顺后热-2	2002 年	出水温度 70℃ 出水量 1965m³/d	北京地区第一眼侏罗系地热井
通县—南苑	双深-1	1989 年	出水温度 54.6℃ 出水量 2163m³/d	为通州-南苑地区地热开发奠定基础
北部山前	昌热-1	1997 年	出水温度 43℃ 出水量 1200m³/d	昌平西南部地区第一眼地热井
	怀热-3	2006 年	出水温度 40℃ 出水量 603m³/d	怀柔地区第一眼地热井
	平热-1	1998 年	出水温度 41.2℃ 出水量 2301m³/d	平谷地区第一眼地热井

4.3　地热资源开发利用现状

4.3.1　地热开发现状

　　至 2013 年底，北京市共投入各类地热勘查、钻井 563 眼，分属 200 多个单位，累计钻井总进尺为 1084741.49m，地热钻井平均深度为 1926.72m，最大深度已超过 4251m。全市有在用井 200 眼，未成井 20 眼，报废井 37 眼，观测井 11 眼，停待井 228 眼，回灌井 45 眼，勘查井 12 眼，石油井 10 眼（图 4-1）。此外北京市共有地热温泉 7 处，其中目前仍在流的有佛峪口温泉、古北口温泉、塘泉沟温泉及北碱厂温泉。

　　根据北京市地热资源评价结果，将北京市地热资源模数划分为 $<1×10^{13}kJ/km^2$、$(1～2)×10^{13}kJ/km^2$、$(2～3)×10^{13}kJ/km^2$、$(3～4)×10^{13}kJ/km^2$、$(4～5)×10^{13}kJ/km^2$、$>5×10^{13}kJ/km^2$ 六个级别，其中延庆地热田、东南城区地热田大部分、凤河营地热田东部为地热资源模数大于 $5×10^{13}kJ/km^2$ 的六级地区；天竺地热田西部、小汤山地热田西部及双桥

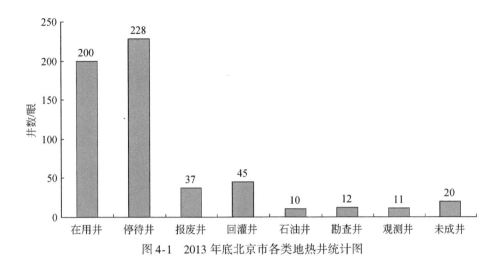

图 4-1　2013 年底北京市各类地热井统计图

地热田中部为 $(4~5)×10^{13}kJ/km^2$ 的五级地区；李遂地热田、双桥地热田西部、良乡地热田东部、西北城区地热田西部及北部、后沙峪地热田北部及东南城区地热田北部为 $(3~4)×10^{13}kJ/km^2$ 的四级地区；双桥地热田东部、小汤山地热田东部及良乡地热田南部为 $(2~3)×10^{13}kJ/km^2$ 的三级地区；后沙峪地热田中部及凤河营地热田西部为 $(1~2)×10^{13}kJ/km^2$ 的二级地区；后沙峪地热田南部及凤河营地热田西部边缘地带为小于 $1×10^{13}kJ/km^2$ 的一级地区（图 4-2）。

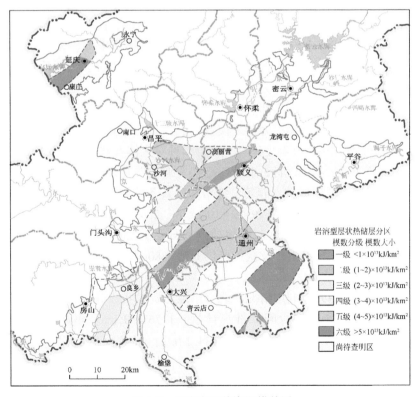

图 4-2　北京市地热资源模数图

北京市年开采量为（800~900）×10⁴m³/a，2013年北京市开采地热水总量达1221.48×
10⁴m³/a，回灌量达558.78×10⁴m³/a，净开采量达662.69×10⁴m³/a，其中小汤山及东南城
区占58.04%，京西北、良乡、李遂及天竺地区占36.44%，以上六个地区已占年开采量
的94.48%，延庆、后沙峪、双桥、凤河营地区仅占5.52%（图4-3）。

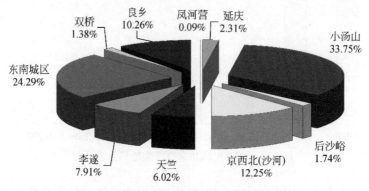

图4-3　北京市地热开发利用分区统计图

　　根据北京市地热资源评价结果，将北京市地热流体热量开采模数按照<1×10¹⁰kJ/km²、
（1~3）×10¹⁰kJ/km²、（3~5）×10¹⁰kJ/km²、（5~10）×10¹⁰kJ/km²、（10~30）×10¹⁰kJ/km²、
>30×10¹⁰kJ/km²分为六级。其中小汤山地热田及东南城区地热田的北部为地热开采模数大
于30×10¹⁰kJ/km²的一级地区，该地区地热资源开采量相对最大；天竺地热田西北部、东
南城区地热田南部、良乡地热田北部、西北城区地热田的东南部地区为开采模数（10~
30）×10¹⁰kJ/km²的二级地区；李遂地热田、延庆地热田西部、西北城区地热田中部及北部
为开采模数（5~10）×10¹⁰kJ/km²的三级地区；后沙峪地热田中部、天竺地热田西南部为
开采模数（3~5）×10¹⁰kJ/km²的四级地区；后沙峪地热田中南部、天竺地热田东部、双桥
地热田东部、凤河营地热田西南部为开采模数（1~3）×10¹⁰kJ/km²的五级地区；延庆地热
田东部、后沙峪地热田北部及西南部、双桥地热田中部及西部、凤河营地热田东部、良乡
地热田南部及东部开采量比较小，为开采模数小于1×10¹⁰kJ/km²的六级地区（图4-4）。

　　北京市的地下热矿水由于其温度适宜，富含多种对人体有益的矿物质，用途十分广泛。
按照2013年地热资源开发利用统计，北京市地热资源主要开发利用方式为采暖、行政事业
单位民用、温室种植、医疗保健、养殖、洗浴业，其各项开采量分别为589.97×10⁴m³/a、
439.73×10⁴m³/a、65.96×10⁴m³/a、29.32×10⁴m³/a、2.44×10⁴m³/a、94.05×10⁴m³/a，各
项开采比例见图4-5。按照《地热资源地质勘查规范》，北京市地热资源可供暖6.76×
10⁵m²/a；可供旅游疗养2.47×10⁶人/次；可供养殖4880m²/a；可供温室种植47237.4m²/a；
可供行政事业单位及民用2.93×10⁵人/a。

　　根据北京市地热资源开发利用情况，北京市地热资源实际开采热量为2.21×10¹²kJ/a，
可替代常规能源量（以每年多少吨标准煤计量）1.26×10⁵t/a，可减少CO_2气体排放量
3.00×10⁵t/a、可减少SO_2气体的排放量2134.12t/a，可减少氮氧化物（NO_x）排放量
753.22t/a，可减少悬浮质粉尘1004.29t/a，可减少固体废弃物排放量（以每年多少吨煤渣
计量）1.26×10⁴t/a。可节省燃煤7.56×10⁷元/a（标准燃煤600元/t），可减少烟尘排放量

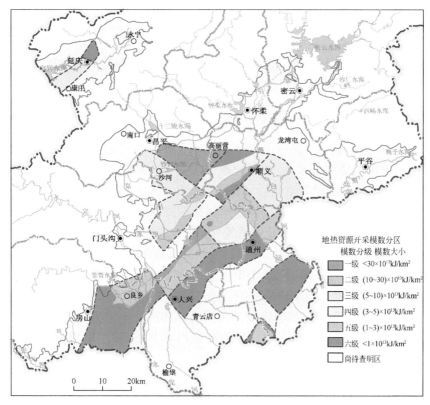

图 4-4　北京市地热流体热量开采模数图

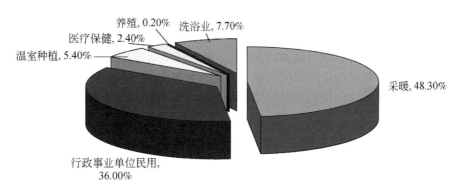

图 4-5　开发利用模式图

$1.63×10^6$ t/a，可节省 CO_2 气体治理费用 $3.00×10^7$ 元/a，可节省 SO_2 气体治理费用 $2.35×10^6$ 元/a，可节省氮氧化物（NO_x）治理费用 $1.81×10^6$ 元/a，可节省悬浮质粉尘治理费用 $8.03×10^5$ 元/a，可节省固体废弃物（煤渣）运输费 $1.89×10^5$ 元/a（其中运输费为 15 元/t），北京市地热资源利用共节省治理费用 $1.12×10^8$ 元/a。

4.3.2　地热利用现状

北京市的地下热矿水由于其温度适宜，富含多种对人体有益的矿物质。目前，北京市的地热资源主要用于供暖、疗养旅游及生态农业等方面。

4.3.2.1　地热供暖

北京利用地热供暖始于 1976 年冬季，由人民美术出版社利用 59℃的地热水向 $1.55 \times 10^4 m^2$ 建筑供暖，在供排水温差为 16℃的条件下，平均每小时一立方米热水可向 413 ~ 431 m^2 供暖，取得了满意的结果。其后又有多个单位用 50 ~ 62℃地热水进行供暖。随着技术的进步，供暖方式已由单一的直接供暖向间接供暖（利用地热交换器）、地板式采暖、利用热泵技术配合其他能源的调峰技术供暖等多种方式发展。

至 2007 年，北京市利用地热井 50 眼进行供暖，每年用于开采热水约为 $300 \times 10^4 m^3$，实现地热供暖 $180 \times 10^4 m^2$，分属于 22 个单位。特别是随着 2008 年奥运会的召开，体现三大奥运理念中的"绿色奥运"承诺的实施，地热能作为重要的绿色能源组成部分，做出了贡献。2008 年奥运会羽毛球比赛场馆设计采用地热和浅层地温为场馆进行制冷。截止到2013 年底，用于供暖地热井共 44 眼，地热供暖回灌井 29 眼，累积供暖面积为 $201.4 \times 10^4 m^2/a$。

1. 地热直接供暖

燃煤锅炉的大量使用是造成空气严重污染的重要原因。目前，北京市政府已明令规定在主要城区取消燃煤锅炉，代之以燃油或燃气，以减小大气污染程度。但燃气和燃油前期投入和运行成本都十分昂贵。而地热资源的开发为这个问题的解决提供了一条可行之路。大力提倡与推广地热供暖，将对环保事业做出重要的贡献。

如北苑家园小区利用地热供暖 $40 \times 10^4 m^2$。南宫村不仅建成了世界地热博览园，还利用地热水改善了当地居民的住宅条件，建成了地热供暖小区。小汤山利用地热建立供暖示范小区，位于昌平郑各庄的温都水城也同样利用地热资源建成了地热供暖小区。

2. 利用地热交换器供暖

为避免地下热水对供暖系统的腐蚀作用，1983 年进行了此类试验，地热水通过板式交换器，热交换后，温度较低的水作他用或回灌，采暖系统的软水经交换器从地热水中获得热量后，再进行供暖循环系统，向房间供热。热量损失后，再进入热交换器。热交换器可以除垢或更新。解决了供暖系统中的结垢问题，该项技术取决于热交换器的热交换系数，因为两种水（供暖系统中的软水和地热水）在交换过程中有一定的热量损失，对于温度较低的地热水，其效果不佳。与换热器的换热面积及材质有关，又涉及设备投资。

3. 结合热泵技术供暖

用于洗浴、娱乐等方面的地热水在使用后，热水温度依然较高，仍含有大量的热能，如果能有效地加以利用，就会带来巨大的经济效益和社会效益。地温热泵供暖系统，可以从热水，甚至常温水中提取热能供暖，使地热能的综合利用率提高到了80%左右，其运行成本低于燃气和燃油。这套系统的实验成功为地热水的余热供暖开辟了广阔的天地。

地热井的综合造价不高。正常情况下，一口地热井的综合造价和燃煤锅炉差不多，比燃油锅炉和电锅炉少得多，且占地面积小、操作简单、运行成本低、无环境污染等（表4-2）。

表4-2 各种采暖方式初投资和运行费用对比表

项目	初投资/（元/m²）	运行费用/（元/m²）
地热（加热泵）	138	15.4
热力	70	22
燃煤锅炉	50	26
空调机	295	30
燃油锅炉	61	45
溴化锂直燃机	325	45
电锅炉	90	124

注：计算标准依据2005年价格标准。

从表4-2可看出采用地热供暖虽然初期投资较大但在运行上费用小，从而使用能源也最少，在能源日趋紧张，环境问题日益突出的今天，采用地热供暖是有利的发展方向。

4.3.2.2 疗养旅游及生态利用

北京市温泉疗养由来已久，如小汤山温泉，明、清帝王多次御驾亲临，留下颇多古迹。新中国成立以后，曾建有四所疗养院。北京市政府对地热水与人体健康的关系非常重视，1981年北京市科委下达"北京地热水利用对人体健康影响的研究"课题给北京市卫生防疫站，并于1984年7月提交了相应的报告。

改革开放以来，随着人们对现代休闲需求的快速增长和健康的关注增加，温泉疗养旅游逐渐成为人们休闲娱乐的主要方式之一。目前，现全市地热水开采量控制在 $900 \times 10^4 \text{m}^3/\text{a}$ 左右，其中小汤山地区占36%左右，城区占35%左右。据统计，每日沐浴的人数达8.7万~9.0万。

此外，利用地热水创造人工的生态环境，扩大种植和养殖的种类，也是目前地热资源利用的主要方式之一。北京市开发地热建立温室用于农业种植始于20世纪80年代中期的小汤山地区，建有温室大棚100多亩[①]，生产特种蔬菜、花卉等。北京市利用地热水发展水产养殖始于20世纪80年代初期，现有养殖水面200多亩，分布于昌平小汤山、顺义李遂、丰台水产中心及南宫等多处，主要用于特种鱼生产及供观赏、垂钓鱼的养殖。

京郊的小汤山、王佐、北七家、金盏、南彩、冯村等一些乡镇企业地区，发挥拥有地

---

① 1亩≈666.67m²。

热资源优势，利用温泉招商引资，积极引进地热项目，大力发展现代农业、精品农业、观光农业和民俗旅游业，创建地热品牌，发展地热产业，改善当地农村的投资环境与农业格局，提高了当地的知名度，扩大了当地的社会影响，为农村地区的经济发展，提供了新的机遇。地热资源真正成为京郊大地农村建设的新动力。代表性项目有小汤山现代农业园、南宫地热博览园、温都水城、蟹岛农业生态园等。

第5章 地 热 回 灌

5.1 地热回灌的目的和意义

地热回灌就是把地热废水、常温地下水、地表水甚至处理后的污水灌入热储中，其目的包括以下三个方面：

（1）处理地热废水。地热废水的温度一般高于环境温度，其中通常含有较高的盐分和一些特殊组分，有些化学组分是有毒有害的。因此，地热废水的直接排放可能对环境造成热污染和化学污染。

（2）改善或恢复地热田的产热能力。地热田中的地热能一部分储存在其中的热流体中，而绝大部分储存在岩石骨架中。通过把温度较低的水注入热储层中，经过加热后再抽取出来，就可能提高地热资源的利用效率。

（3）保持热储压力，维持地热田的开采条件。一般来说，由于地热的开发利用，热储的流体压力会降低。如果开采量过大，补给和开采失去平衡时，热储的压力会持续降低，导致地热田的生产能力降低，甚至丧失生产能力和引起地面沉降。通过回灌可以维持或恢复热储压力，稳定地热资源的开采条件，预防地面沉降的发生。

5.2 国内外地热回灌历史

地热回灌起源于水文地质和石油领域，1969 年在美国加利福尼亚州 Geysers 地热田的地热回灌项目揭开了地热回灌的序幕。同年，法国也在巴黎盆地的中、低温地热田开展了地热回灌，随后萨尔瓦多的 Ahuachapan 地热田也于 1970 年开展了地热回灌（Axelsson，2008；Laplaige et al.，2000）。目前，这项技术在美国、新西兰、中国、冰岛、意大利、法国、日本、罗马尼亚、菲律宾、埃塞俄比亚、丹麦、哥斯达黎加、肯尼亚、克罗地亚、墨西哥、萨尔瓦多、俄罗斯、立陶宛、危地马拉、葡萄牙、希腊等 20 多个国家得到了不同程度的应用（刘久荣，2003），无论是用于发电，还是直接利用的地热田都取得了一定的效果。中国最早的地热回灌为北京市东南城区地热田，东南城区地热田于 1974 年、1980 年和 1982 年进行过短期地热回灌试验，主要研究回灌水在热储中被加热的情况，没有把研究的重心放在对开采井温度的影响上。2001 年小汤山地热田开始地热采暖尾水的回灌试验，东南城区地热田的郭庄北里和北京工业大学开始和准备回灌试验。2006 年专门发出通知要求用于采暖的地热开发单位限期全部实现回灌。在《北京市地热资源 2006—2020 年可持续利用规划》中对地热回灌也有明确规定。

5.3　北京市地热回灌历史和现状

北京市的地热回灌从 1974 年开始，历经了三个特点明显的阶段，即探索阶段、试验阶段和生产性回灌阶段。

1. 探索阶段（1974～1999 年）

在该时期，先是在天坛公园用自来水向地热井回灌，接着在崇文门旅馆用冷水井抽出来的水向地热井回灌，后来在冶金出版社用采暖回水进行地热回灌。这几个单位在回灌探索的过程中，总回灌量不足 $10 \times 10^4 \mathrm{m}^3$，年回灌量只占东南城区地热田年开采量的 1%，但试验研究为以后的回灌工作积累了各种相关资料和宝贵的实践经验。

2. 试验阶段（2000～2003 年）

在这个时期，小汤山地热田作为北京地区地热开发时间最早、勘查和开发程度最高的地热田，率先开展了系统的回灌试验。2001 年和 2002 年供暖期，首先在电信疗养院地热井实施了供暖尾水的同层对井回灌，开采和回灌热储都为蓟县系雾迷山组，两年回灌量分别为 $7 \times 10^4 \mathrm{m}^3$ 和 $10 \times 10^4 \mathrm{m}^3$。供暖尾水的完全回灌实践，不但检验了回灌装置和回灌工艺的合理性，也证明了地热供暖循环利用模式的可行性。在此期间，还开展了示踪试验，但最终没有检测到示踪离子，说明地热回灌的低温水不会很快运移至开采井而导致热储温度的下降。此后，中国移动培训中心地热井于 2003 年开始实施异层对井回灌，即开采蓟县系雾迷山组的水，经过热交换后，灌入蓟县系铁岭组，回灌量达到 $14 \times 10^4 \mathrm{m}^3$，进一步检验和改进了地热回灌装置和回灌工艺，为后续地热回灌的推广打下基础。

2002 年开始，东南城区地热田也开始了地热回灌试验，首先在北京工业大学地热井实施供暖尾水的同层回灌试验，第一年采用一采一灌的回灌模式，总回灌量约为 $5 \times 10^4 \mathrm{m}^3$，第二年采用两采一灌的回灌模式，总回灌量达到 $27 \times 10^4 \mathrm{m}^3$，显示出东南城区地热田也有较大的回灌潜力。

3. 生产性回灌阶段（2004 年至今）

随着小汤山地热田和东南城区地热田地热回灌试验获得成功，原北京市国土资源局下达了《关于加强本市地热资源管理有效保护地热资源的通知》，明确提出地热供暖和温室利用的项目，按照规定必须对供暖尾水进行回灌，同时提出地热回灌的具体要求和鼓励优惠政策。在此基础上，全市的地热回灌工作得到大力推广。

小汤山地热田从 2004 年至今，地热回灌单位从 2 家迅速增加到 11 家，大部分开展同层回灌，年回灌量由 $20 \times 10^4 \mathrm{m}^3$ 逐渐提高到 $150 \times 10^4 \mathrm{m}^3$ 以上，地热田灌、采率最高时突破 50%。从回灌效果看，小汤山地热田蓟县系雾迷山组热储的水位下降速度从 2004 年开始逐渐减缓，2005～2007 年，地热田的水位还连续出现小幅抬升，这在世界开发规模较大的热田中都罕见。同时，2009～2010 年，小汤山地热田铁岭组热储开展了一次大规模的示踪试验，试验进行 125 天，示踪剂从 TR-3 井投入铁岭组热储，先后从已开采的雾迷山组热储 TXR-I 井和 TR-39 井中检出，这说明小汤山地热田局部地区蓟县系铁岭组和雾迷山组之间具有良好的连通性。通过模拟推测出汤热-3 井和通县热-1 井之间有两个通道，回灌水流速分别达到 11m/d 和 36m/d，而 TR-3 井和 TR-39 井之间有一个通道，回灌水流速为 15m/d。虽然回灌水流向开采井，但开采井的出水温度没有任何变化，说明地下热储赋存有巨大的热能，低温水从热储中快速流过就可以被加热至热储平衡温度。

除了小汤山地热田以外，地热回灌工作在东南城区、京西北、延庆、良乡、李遂、天竺等地热田也得到推广，但这些地热田的回灌规模较小，回灌效果不太明显。截至 2013 年北京市实施地热回灌的单位达到 30 家左右，年回灌量突破 $600 \times 10^4 m^3$，实现了生产性回灌规模。

5.4　小汤山地热田的回灌

5.4.1　信苑温泉会议中心回灌试验

把温度较低的水灌入热储中是一项非常复杂的技术。如果回灌井的位置过近或回灌量过大，可能引起热储的冷却，降低开采井的出水温度；如果采用的回灌工艺存在问题，回灌井的回灌能力可能逐渐降低，甚至最后丧失回灌能力。为此，需要通过回灌试验发现回灌可能出现的问题，提出合理的、可行的回灌方案。

在回灌之前，由于地热井的出水能力大，信苑温泉会议中心只需要间歇使用汤热-38 井就可满足洗浴和冬季供暖的地热水需求，不能充分发挥两眼地热井的作用。另外，冬季供暖尾水的排放温度比较高，一般在 36~44℃，平均为 40℃左右，地热水中蕴含的热量没有得到充分利用。按 2000 年采暖用水 164436m³ 计算，以 25℃为计算的基础温度，一个采暖季浪费的热量就可达 1.03×10^{10} J。这样，开展地热回灌对充分发挥两眼地热井的作用和节约地热资源有重要意义。

对北京信苑温泉会议中心的地热水回灌试验，除了上述几方面之外，还在于研究适用于小汤山地热田以及北京市回灌的技术方法，为地热回灌在北京市的开展积累经验。

5.4.1.1　回灌区地热地质概况

信苑温泉会议中心位于小汤山地热田温度最高的部位，500m 深度地温大于 50℃，在 1000m 深度地温大于 60℃。信苑温泉会议中心一带的热储包括：寒武系灰岩、蓟县系雾迷山组白云岩。这些碳酸盐岩经历了长期的岩溶作用，具有良好的贮水与透水能力。上覆近 400m 的第四系渗透性相对较差，构成了这一地区的盖层。

在信苑温泉会议中心周围，寒武系灰岩和蓟县系雾迷山组白云岩直接接触，接触面由西北向东南逐渐变深，可能是一个断层面。巧合的是小汤山地热田温度较高的范围和发现该接触面的范围基本一致。可以推断，该界面增强了地热水的对流，使得信苑温泉会议中心一带具有得天独厚的地热赋存条件。

5.4.1.2　开采井和回灌井

北京市信苑温泉会议中心于 1984 年建成了第一眼地热井——汤热-11 井，并于 1996

年建成了第二眼地热井——汤热-38 井。后者位于前者东南方向，两井间距约为 200m。两井的出水能力均较大，使用状况良好。汤热-11 井和汤热-38 井的基本情况和剖面位置见表 5-1 和图 5-1。

表 5-1　汤热-11 井和汤热-38 井基本情况

井号		汤热-11	汤热-38
完工日期		1984 年 5 月 22 日	1996 年 6 月 17 日
井深/m		824.5	1601.0
地层厚度	第四系/m	0 ~ 388	0 ~ 397
	寒武系/m	388 ~ 720.5	397 ~ 967.0
	雾迷山组/m	720.5 以下	967 以下
表层套管直径/mm		177.8	350.0
下泵深度/m		48	48
潜水泵流量/m³		30	80
动水位/m		27	27
取水段/m		675.00 ~ 824.50	754.79 ~ 1601.00
热储		寒武系灰岩和蓟县系雾迷山组白云岩	
出水温度/℃		64	65
井底温度/℃		61.5	65.0
出水量/(m³/d)(降深/m)		1451 (6.42)	1780 (6.31)

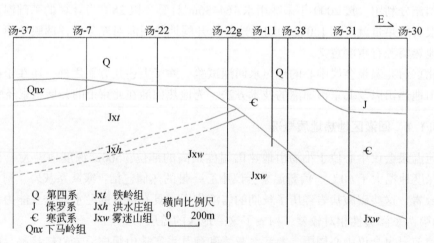

图 5-1　汤热-11 井和汤热-38 井剖面位置图

　　为了验证汤热-11 井和汤热-38 井之间的水力联系，进行了以汤热-38 井为主孔，以汤热-11 井为观测孔的试井工作。试验采用定流量抽水，于 2001 年 11 月 5 日 6 时 10 分开泵，到同日 16 时结束，共持续 9 时 50 分。试验的抽水量为 91m³/h，开泵后的几分钟之内就达到了相对稳定状态，稳定水位降深为 5.32m。试验开始 3 小时后水温为 65℃，并在试验结束前未发生明显变化。在汤热-38 井开泵后 2 分钟，汤热-11 井的水位从 27.61m 下降

到了 27.63m，下降了 2cm；开泵 10 分钟后，汤热-11 井的水位下降到了 27.67m，下降了
6cm。然后汤热-11 井的水位基本上在 27.68～27.73m，达到了视稳定状态。试验结果证
明：汤热-38 井的出水能力和成井初期相比无明显变化，具有很强的生产能力；汤热 38 井
和汤热-11 井之间存在一定的水力联系。

5.4.1.3　回灌试验

在 2001～2002 年采暖期，北京市小汤山地热田中部北京电信都市温泉度假村的供暖始于
2001 年 11 月下旬，结束于 2002 年 3 月 27 日。在供暖的初期，由于回灌设施未准备就绪，未
进行回灌。2001 年 11 月 30 日 11 时回灌开始，于 2002 年 3 月 27 日 6 时结束。采暖系统的回
水温度设定随气温而变化。在气温较高时，回水温度较低，气温较低时回水温度较高。在这
个采暖季，设定最低回水温度为 33℃，最高为 45℃。回灌水温度和采暖系统的设置回水温度
相近，一般略低于设置回水温度。在回灌井井口观测到的回灌水温度为 30～44℃。在这 117
天中，共回灌采暖尾水 $7.33\times10^4\,\mathrm{m}^3$。回灌量最大的时间段为 2002 年 1 月 8 日～1 月 20 日，
日回灌量均大于 800m³/d。在其他时间，日回灌量一般小于 800m³/d。

由于上一采暖期的回灌进行顺利，在 2002～2003 年采暖期未对回灌设施以及回灌方
法进行任何调整，回灌始于 2002 年 10 月 25 日，持续到 2003 年 3 月底结束，总回灌量为
近 $8\times10^4\,\mathrm{m}^3$。

在两个采暖期的回灌过程中，回灌井的水位随回灌量的变化而升降。图 5-2 和图 5-3
分别表示了 2001～2002 年和 2002～2003 年采暖期逐日的回灌量和回灌井的平均水位埋
深，从图中可以明显地发现这种水位和回灌量的对应关系。另外，回灌井的水位还受回灌
水的温度、区域水位变化的影响。当回灌水温度比较低时，回灌水的密度比较大，井筒内
的水柱高度就比较低，反之亦然。在整个小汤山地热田，地热水的开采量有明显的季节
性，主要集中在采暖期。因此，地热井的水位在采暖期开始降低，直到采暖期结束达到最
低值，而后又逐渐升高，到采暖期之前达到最高值。回灌井的水位也明显受地热田水位变
化的影响。经过两个采暖期后，未发现回灌井受到堵塞的影响。

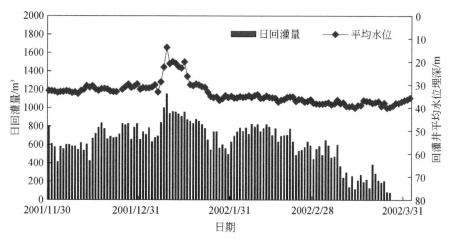

图 5-2　北京电信都市温泉度假村 2001～2002 年
采暖季逐日回灌量和回灌井平均水位埋深

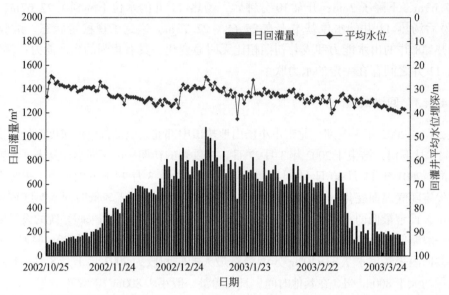

图 5-3　北京电信都市温泉度假村 2002~2003 年采暖季逐日回灌量和回灌井平均水位埋深

2001~2002 年采暖季的回灌结束后，为了研究回灌水被加热的程度，在回灌井中安装了一台出水能力为 $30m^3/h$ 的潜水泵抽水。第一次开泵时间为 2002 年 4 月 15 日 9 时 40 分，最初开泵时水中存在少量红褐色杂质，30 分钟后变清。最初出水温度在 30℃ 以下，之后温度逐渐变高。到 1 小时之后，出水温度达到了 63.5℃，基本达到了该井的正常出水温度。5 月回灌井的出水温度最高可以达到 64.2℃。

由于回灌量相对于整个地热田的开采量（约 $4×10^6 m^3/a$）比较小，而热储的体积很大，同时整个地热田的开采量大大超过天然补给量，很难发现回灌对于维持热储压力的作用。距离回灌点分别为 300m 和 500m 的两个监测井的水位埋深仍然随该区开采量的变化而升降（图 5-4）。

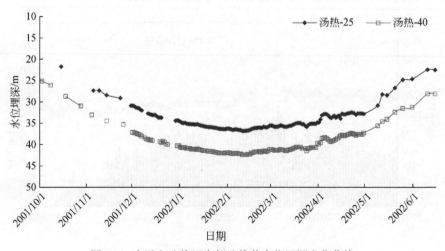

图 5-4　小汤山地热田中部地热井水位埋深变化曲线

5.4.1.4　示踪试验

地热回灌引起的开采井温度下降称为热突破，当开采井的温度明显下降，影响了地热流体的使用价值时，我们称之为不成熟的热突破。当开采井和回灌井之间的距离比较近，并且存在直接流动通道时，就存在发生不成熟的热突破的可能性，如萨尔瓦多的 Ahuachapan 地热田、菲律宾的 Palinpinon 地热田和冰岛的 Svartsengi 地热田（Stefansson，1997）。Ahuachapan 地热田的 AH-5 井的温度因在距其 150m 的地热井进行回灌而下降了约 30℃；冰岛 Svartsengi 地热田的 SG-6 井在 4 年的回灌中温度降低了约 8℃；在菲律宾的 Palinpinon 地热田，热突破在回灌开始后约 18 个月出现，之后开采井温度急剧下降，在随后的 4 年中降低了约 50℃（Malate and Sullivan，1991）。虽然这些问题均发生在高焓地热田中，在低焓热储的回灌中还未见类似的报道，但从理论上说，低焓热储的回灌同样会引起热储温度的下降。另外，低焓地热系统的地热增温梯度一般远低于高焓地热系统，其加热回灌水的能力更加有限，绝不应忽视其开采井的温度严重下降的可能性。

为了避免回灌引起的冷却，应使回灌井和开采井保持较大的距离；另外，为了使回灌取得最大的效益，即维持热储压力和开采井的生产能力，应使回灌井和开采井的距离尽可能较小。这样，就需要根据这两个方面的要求选择最为合理的开采井和回灌井位置。回灌井和开采井施工之后，应在回灌试验期间研究它们之间是否存在直接通道，而示踪试验是解决这一问题的最为重要的手段。

示踪试验被广泛用于地表水、地下水的水文学和水污染研究，以及核废料储存研究。所谓示踪试验，就是通过在一个水文系统中投放示踪剂，然后在系统中不同的观测点监测示踪剂随时间的回收情况。其结果被用来研究水流的通道，并定量地研究通过这些通道的流体的流速。此外，示踪试验在石油研究中也有所应用。地热研究中的示踪试验方法就是从上述领域中借鉴得到的。在地热研究中应用示踪试验的目的是通过研究回灌井和开采井之间的联系通道，来预测因长期回灌而引起的开采井的冷却（Axelsson，2008）。

北京市小汤山地热田中部的北京电信都市温泉度假村在地热回灌试验期间也进行了示踪试验。根据度假村以及周围地热井的水化学分析资料看，碘离子的浓度低于 0.02mg/L（检出的下限浓度），故选择碘化钾作为示踪剂。由于回灌井和开采井相距仅 200m 左右，且两井之间的压力传递很快，示踪试验的持续时间不必很长。考虑计划的回灌量和开采量的大小和随时间的变化，确定示踪剂量为 50kg。具体的计算方法为假设示踪试验持续 30 天，每天汤热-38 井的开采量为 $700m^3/d$，则 30 天的总开采量为 $2.1×10^4 m^3$。要想使这些水中的碘离子平均浓度达到 0.2mg/L，则其中溶解的碘离子将为 4.2kg。假设有 10% 的回灌水流向开采井（即示踪剂投放量的 10% 流向开采井），则需要投放的碘离子的重量为 42kg，相当于约 54kg 碘化钾中所含的碘的重量（购买的碘化钾的包装单位为 50kg）。

示踪剂投放时间为 2001 年 1 月 8 日 14 时 30 分。在示踪试验之前，回灌已经进行了 39 天，在开采井和回灌井之间已经形成了比较稳定的流动状态。同时，示踪试验期间是冬季气温最低的阶段，日供暖时间长，供暖尾水流量比较稳定，有利于示踪试验结果的分析。示踪剂的投放采用和回灌管线旁通的约 400L 的示踪剂投放罐进行。把 50kg 碘化钾全部放入清洗后的示踪剂投放罐中，加入回灌水使碘化钾完全溶解后，封闭示踪剂投放口，打开连接示踪剂投放罐的截门，关闭和投放罐旁通段的回灌管线上的截门，使示踪剂随着回灌水"瞬时"进入回灌井中。

示踪剂投放之后，就开始了从开采井地热水中采集示踪剂分析样的工作。在开始阶段，采样的时间间隔比较小，以后采样间隔逐渐增大，采样总数为 168 个（表 5-2）。

表 5-2　北京市小汤山地热田中部示踪试验采样时间间隔

时间段	0~3h	3~6h	6~24h	1~2d	2~3d	3~5d	5~10d	10~20d	20~77d	77d 以后
采样间隔	0.25h	0.5h	1h	2h	3h	4h	6h	12h	24h	7d
采样数	12	6	18	12	8	12	20	20	57	3

除汤热-38 井之外，在外围其他地热井也采集了碘的化学分析样，但采样时间不固定，采样数量相对较少。

示踪剂的化学分析采用比色法，碘的检出下限浓度为 0.02mg/L。所采集的样品中只有五分之一被送往化验室，其他只作为需要加密时的备用样品。化学分析结果显示，在所有送检的样品中均未检出碘离子。

这样的示踪试验可能被认为是失败的。但是，根据这样的示踪试验结果也可能得出一些有用的结论。这里仍然假设在汤热-38 井出现碘离子的时间为 30d，碘离子的平均浓度为 0.02mg/L（碘离子的检出下限浓度）。试验期间汤热-38 井的开采量为 800m³/d 左右，则 30 天的总开采量为 $2.4 \times 10^4 m^3$，则从汤热-11 井运移至汤热-38 井的碘离子的重量为 0.48kg，仅占投放示踪剂的碘含量的大约 1.3%。这就是说，从汤热-11 井流向汤热-38 井的回灌水不足回灌量的 1.3%。因此，可以认为在汤热-11 井和汤热-38 井之间不存在直接通道，虽然两井之间的压力传递速度很快，但在短时间回灌水并不会从汤热-11 井流动到汤热-38 井。据此，可以认为这一回灌工程的开采井温度在试验的回灌条件下不会受到回灌的影响。

如前所述，在北京市小汤山地热田中部的回灌试验期间进行了示踪试验，但在开采井中未收集到示踪剂（碘离子），从而认为开采井（汤热-38 井）和回灌井（汤热-11 井）之间可能不存在直接通道。但下面将在假设两井之间存在一条直接通道的前提下，对汤热-38 井的出水温度的长期变化进行估算。显然，这样的估算和实际情况可能有比较大的差别，但还是可以提供一些有用的结论。

从小汤山地热田中部的地质构造上看，在该地存在一条走向北东的断裂（图 3.4），可以认为它是连接两井的一个通道。汤热-11 井和汤热-38 井钻遇该断裂的深度分别位于 720m 和 967m，则根据两井之间的地表距离（200m），计算出这条断裂在两井之间的长度为 318m。假设断裂的宽度为 0.2m，沿走向的尺度为 30m（实际上该断裂的展布范围很大，这样假设会使计算得到的热突破时间小于实际发生时间，温度下降速度快于实际速度），利用 TRCOOL 计算了汤热-38 井今后 100 年的温度。计算采用的其他参数见表 5-3。

表 5-3 模型参数一览表

热储温度	65℃
回灌水温度	40℃
回灌量（年平均）	0.04kg/s
开采量（年平均）	0.05kg/s
热储岩石的热导率	2J/(m·℃)
热储岩石的比热	920J/(kg·℃)
热储岩石的密度	2700kg/m³
回灌水的比热	4200J/(kg·℃)
回灌水的密度	992kg/m³

计算结果说明，汤热-38 井的温度将不会发生显著的变化，在上述假设条件下，回灌75 年之后才将下降 0.01℃，100 年时将下降 0.03℃。因此，小汤山地热田的回灌是可行的，其开采井的温度几乎不会受到回灌的影响。

5.4.2 小汤山地热田回灌推广及其效果

中国移动培训中心位于信苑会议中心旁，于 2003 年开始实施异层对井回灌，即开采蓟县系雾迷山组的水，经过热交换后，灌入蓟县系铁岭组，回灌量达到 14×10⁴m³，进一步检验和改进了地热回灌装置和回灌工艺，为后续地热回灌的推广打下基础。

从 2001 年和 2002 年的一对井地热回灌起步，2003 年冬增为 2 对 4 眼井，2004 年冬增为 7 对 16 眼井，目前已有 11 眼回灌井。小汤山地热田从 2004 年至今，地热回灌单位从 2家迅速增加到 11 家，大部分开展同层回灌，年回灌量由 20×10⁴m³ 逐渐提高到 170×10⁴m³以上，地热田灌、采率最高时达到 63.57%。从回灌效果看，小汤山地热田蓟县系雾迷山组热储的水位下降速度从 2004 年开始逐渐减缓，2005~2007 年，地热田的水位还连续出现小幅抬升，这在世界开发规模较大的地热田中都罕见。2007~2009 年由于开采量增大，回灌比例有所降低，地下水位出现小幅度下降，2010 年开采量急剧增加，水位降幅同时达到 2.36m，下降趋势明显。2009~2010 年，小汤山地热田铁岭组热储开展了一次大规模的示踪试验，试验进行 125 天，示踪剂从汤热-3 井投入铁岭组热储，先后从已开采的雾迷山组热储汤锡热-1 井和汤热-39 井中检出，这说明小汤山地热田局部地区蓟县系铁岭组和雾迷山组之间具有良好的连通性，回灌水的一部分迅速向地热田北部和西部的蓟县系雾迷山组运移。通过模拟推测出汤热-3 井和汤锡热-1 井之间有两个通道，回灌水流速分别达到11m/d 和 36m/d，而汤热-3 井和汤热-39 井之间有一个通道，回灌水流速为 15m/d。虽然回灌水流向开采井，但开采井的出水温度没有任何变化，说明地下热储赋存有巨大的热能，低温水从热储中快速流过就可以被加热至热储平衡温度。

小汤山热田实施地热回灌监测的单位有 10 个。回灌热储主要为蓟县系雾迷山组，其次是蓟县系铁岭组。2013 年度总回灌量为 238.01×10⁴m³。

5.5　北京市其他地热田的回灌

北京市东南城区地热田地热回灌始于 20 世纪 70 年代末，在 70 年代末至 90 年代末主要为地热回灌探索阶段，先后进行过自来水回灌、废热水回灌、冷地下水回灌和地热供暖尾水回灌。首先在 1974 年 11 月 27 日~12 月 9 日，在天坛公园（京热-2 井）用自来水向地热井回灌，总灌入水量为 2041m³，回灌的低温水（10℃，密度大）形成局部压力增加，抬升了周围热水井的水头，因灌量较小，井下温度在 15 天后基本恢复。第二次用废热水回灌试验在京棉三厂进行，利用该厂夏季车间空调的废热水灌入京热-13 井，以期储存热量使该热水井冬季用于车间空调供暖时增加热效，自 1975 年 6 月 17 日~10 月 19 日总灌入水量为 1.35×10⁴m³，回灌水温为 56.62℃，由于热水密度小形成局部减压点，影响到周围热水井的水头降低，地下储热在冬季增产的热量约等于灌入热量的三分之一。接着用冷地下水的回灌试验是在崇文门旅馆进行，抽京热-26 辅井第四系冷水灌入京热-26 热水井，试验大水量的回灌；试验自 1980 年 6 月 4 日~9 月 2 日总灌入量为 5.94×10⁴m³，回灌冷地下水的温度为 15.5℃，灌入的冷水未影响到 250m 外京热-8 井的出水温度，在回灌井中热储段温度恢复慢，一年后只恢复了约三分之二。地热供暖尾水回灌试验在冶金工业出版社，利用京热-32 井的采暖尾水灌入京热灌-4 井，回灌试验分别在 1982 年春和 1983 年春进行了两段，总灌入水量为 3.02×10⁴m³，试验了不同灌率的回灌，获得不同影响的观测井水头抬升和温度恢复资料。以上回灌试验限于水量、水位和温度动态监测，未进行水质化学动态的监测，4 次回灌总量仅为 10.51×10⁴m³，最大年回灌量只占东南城区地热田年开采量的 1.5% 左右。回灌试验研究为后期的回灌工作积累了各种相关资料和宝贵的实践经验。

东南城区地热田回灌层位是蓟县系雾迷山组热储，目前实施地热回灌监测的单位有 5 个，分别为国家体育总局训练局、郭庄北里小区、华威温泉物业管理有限公司、北京工业大学和人民美术出版社，均利用采暖尾水在蓟县系雾迷山组热储中实施回灌。2013 年度热田回灌总量约为 58.12×10⁴m³。2000 年以后，地热回灌规模逐渐增大，到 2010 年地热回灌量达 78.47×10⁴m³/a，回灌量占地热田开采量的 24.84%。

除了小汤山地热田以外，地热回灌工作在东南城区、京西北、延庆、良乡、李遂、天竺等地热田也得到推广，但这些地热田的回灌规模较小，回灌效果不太明显。

李遂地热田开发地热自 1987 年，主要回灌层位是蓟县系雾迷山组热储，李遂地热田目前有 1 家单位实施地热回灌，即残疾人培训中心。该单位回灌热储为蓟县系雾迷山组，2013 年总回灌量为 72.54×10⁴m³。李遂热田的地热回灌主要开始于 2009 年，2009 年、2010 年、2013 年地热回灌量分别达到 22.39×10⁴m³、85.42×10⁴m³、72.54×10⁴m³，回灌比例分别达到 43.33%、80.04%、89.04%。

良乡地热田目前有 1 家单位实施地热回灌，即北京工商大学。该单位回灌热储为蓟县系雾迷山组，2013 年总回灌量为 33.87×10⁴m³。良乡地热田的地热回灌主要开始于 2009 年，2009 年和 2013 年地热回灌量分别达到 7.70×10⁴m³ 和 33.97×10⁴m³，回灌比例仅为 5.51% 和 39.02%。

截至 2013 年，北京市实施地热回灌的单位达到 30 家左右，年回灌量突破 $600\times10^4\mathrm{m}^3$，实现了生产性回灌规模。

自 2001 年以来，北京市累积回灌量达 $3022.47\times10^4\mathrm{m}^3/\mathrm{a}$，北京市地热资源回灌量呈现出增加趋势，2013 年北京市地热资源回灌量达 $558.78\times10^4\mathrm{m}^3/\mathrm{a}$（图 5-5）。

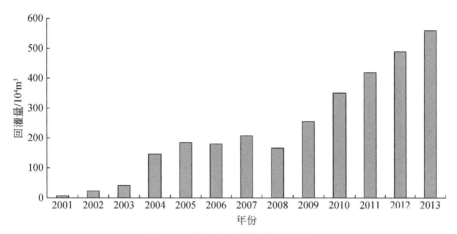

图 5-5　北京市地热资源回灌量

虽然北京市对地热回灌的鼓励措施非常有力，但除小汤山地热田之外，北京市地热回灌的推广还比较落后，主要原因是施工回灌井的场地受到城市建筑的限制等。另外，温泉洗浴在北京市地热开发中占很大比例，对回灌的进一步扩展不利。今后应加大力度推进地热采暖，并强力推进地热回灌，以实现北京市的地热资源可持续开发利用。

第6章 地热资源评价

6.1 地热资源量评价

6.1.1 评价方法

6.1.1.1 热储存量和地热流体储存量计算

1. 热储存量

一般采用热储法计算，表达式为

$$Q = C_r \rho_r (1-\varphi) V (T_1 - T_0) + C_w \rho_w q_w (T_1 - T_0) \tag{6-1}$$

式中，Q 为地热资源量，kJ；C_r、C_w 分别为热储岩石比热容和地热流体的比热容，kJ/(kg·℃)；ρ_r、ρ_w 分别为热储岩石密度和地热流体的密度，kg/m³；φ 为热储岩石孔隙率（或裂隙率）；q_w 为流体储量，包括静储量和弹性储量，m³；T_1 为热储温度，℃；T_0 为恒温层温度，℃；V 为热储体积，m³。

2. 地热流体储存量

包括容积储存量与弹性储存量两部分。计算公式如下：

$$Q_{储} = \varphi V + S(h-H)A \tag{6-2}$$

式中，$Q_{储}$ 为地热流体储存量，m³；φ 为热储岩石孔隙率（或裂隙率）；V 为热储体积，m³；S 为弹性释放系数；h 为平均承压水头标高，m；H 为平均热储顶面标高，m；A 为评价热储面积，m²。

6.1.1.2 地热资源可开采量计算

地热是可再生资源，从严格意义上讲，任何可再生资源的开发可持续性取决于其初始数量、再生能力和消耗速度，是和资源的利用方式紧密联系的。在一定的时间段内，如果资源的再生速度快于或等于其消耗速度，就可以实现可持续开发。反之，如果资源的消耗大于其再生的能力，经过一定的时间，资源最终将被耗净。但是，对于多数热储来说，由于其埋藏深度大，虽然在热储中储存着大量的热能，而流体的补给途径很长，补给量有限，要想实现补给和开采的平衡往往是困难的。因此，在地热开发中应该允许热储流体压力的下降，关键是要把热储流体压力降低的速度控制在适当的范围。

Axelsson 等提出了一个地热系统的资源可持续开采的定义：对于一个地热系统，对不同的开发利用模式都具有一个最大的热能开采量 E_0，当系统的热能开采量小于或等于 E_0 时，可以在很长的时间段（如 100～300 年）保持稳定的生产；当系统的热能开采量大于 E_0 时，就不能在长时间内保持稳定的热能生产。地热能的开采量小于或等于 E_0 时，可称作可持续开采，否则称作过量开采。这样的时间长度和我国现行的地热资源地质勘查规范规定，低温地热田考虑的使用年限为 100 年是比较吻合的。当然，对于不同的地热系统、不同的使用方式，规划的开采时间长度（可持续开采模式下）应在考虑社会、经济和环境方面的限制和技术进步的前提下而有所变化。在有些情况下，单纯从经济效益的角度看，在很短的时间内把一个热储疏干将会得到最大的经济利益。但是，从环境和社会发展的角度看这是不能接受的，而长期的能源安全和稳定是更为重要的。

综上所述，可以将地热系统在可持续管理的前提下，地热资源的可开采量定义为在不引起严重环境问题，适当控制热储压力下降的前提下，在相当长的时间内可以从地热系统稳定地、最大限度地提取的热能。

1. 最大允许降深法

地热流体可开采量采用最大允许降深法计算，需设定一定开采期限（一般为 100 年），计算区中心水位降深与单井开采附加水位降深之和不大于 100m 时，求得的最大开采量，为计算区地热流体的可开采量。计算公式如下：

$$Q_{wk} = \frac{4\pi T S_1}{\ln(6.11t)} = \frac{4\pi T S_1}{\ln\left(\dfrac{6.11Tt}{\mu^* R_1^2}\right)} \tag{6-3}$$

$$Q_{wd} = \frac{2\pi T S_2}{\ln\dfrac{0.473\ R_2}{r}} \tag{6-4}$$

式中，Q_{wk} 为地热流体可开采量，m^3/a；Q_{wd} 为单井地热流体可开采量，m^3/a；S_1 为计算区中心水位降深，m；S_2 为单井附加水位降深，m；R_1 为开采区半径，m；R_2 为单井控制半径，m；μ^* 为热储含水层弹性释放系数；t 为开采时间，a；T 为导水系数，m^2/a；r 为抽水井半径，m。

2. 开采系数法

地热远景区采用可采系数法，开采系数的大小，取决于热储岩性、孔隙裂隙发育情况以及补给情况，有补给情况下取大值，无补给情况下取小值。

$$Q_{wk} = Q_{储} \cdot X \tag{6-5}$$

式中，Q_{wk} 为地热流体可开采量，m^3/a；$Q_{储}$ 为地热流体存储量，m^3；X 为可采量系数，其中：①孔隙型层状热储层，X 取值（3%～5%）/100a，即（0.0003～0.0005）/a；②岩溶型层状热储层，X 取值 5%/100a，即 0.0005/a；③裂隙型层状热储层，X 取值（1%～2%）/100a，即（0.0001～0.0002）/a。

地热流体可开采热量可用下式计算：

$$Q_p = Q_{wk} C_w \rho_w (T_1 - T_0) \tag{6-6}$$

式中，Q_p 为地热流体可开采热量，kJ；Q_{wk} 为地热流体可开采量，m^3/a；C_w 为地热流体的比热容，$kJ/(kg \cdot ℃)$；ρ_w 为地热流体的密度，kg/m^3；T_1 为热储温度，℃；T_0 为恒温层温度,℃。

6.1.1.3　回灌条件下地热资源可开采量计算

和地下水系统相比,地热系统流体补给能力是非常有限的,其可开采资源量取决于流体的补给能力。为了克服热储压力的快速下降,回灌已经成为地热开发中重要的措施。在回灌的条件下计算和评价地热资源的方法还不太成熟,且未取得共识。一般有以下几种方法。

1. 回收率法

可利用地热资源量是指一个地热田或地热区在考虑地热回灌情况下的地热资源可开采量。可利用地热资源量采用回收率法进行计算,计算公式如下:

$$Q_{wh} = R_E \cdot Q \tag{6-7}$$

式中,Q_{wh} 为地热资源可开采量,kJ;R_E 为回收率;Q 为地热资源量,kJ。

用热储法计算出的地热资源量不可能全部被开采出来,只能开采出一部分,二者的比值称为回收率。回收率根据工作区的实际情况,参考《地热资源评价方法》(DZ 40—85)关于回收率的有关规定确定。对于大型沉积盆地的新生代砂岩,当孔隙度大于20%,热储回收率定为0.25,碳酸盐岩裂隙热储定为0.15,中生代砂岩和花岗岩等火成岩类热储则根据裂隙发育情况定为0.05~0.1。

2. 对井开采和回灌的可开采资源量法

按照回灌条件下,开采100年消耗15%的地热储量,根据热量平衡计算影响半径和允许开采量,公式如下:

$$R = \sqrt{1 - \alpha\beta} \times \sqrt{\frac{Q_{抽} \, tf}{0.15 H\pi}} \tag{6-8}$$

$$f = \frac{\rho_w C_w}{\rho_e C_e} \tag{6-9}$$

$$\rho_e C_e = \varphi \rho_w C_w + (1 - \varphi) \, \rho_r C_r \tag{6-10}$$

$$\alpha = \frac{Q_{回灌}}{Q_{抽}} \tag{6-11}$$

$$\beta = \frac{T_2 - T_0}{T_1 - T_0} \tag{6-12}$$

$$Q_{允} = \frac{A Q_{抽}}{\pi R^2} = \frac{0.15 AH}{(1 - \alpha\beta) \, tf} \tag{6-13}$$

式中,R 为回灌条件下的影响半径,m;ρ_w、ρ_r 分别为热储流体的密度、岩石的密度,kg/m³;C_w、C_r 分别为热储流体的比热容、岩石的比热容,kJ/(kg·℃);φ 为热储岩石孔隙度;t 为时间,取100年,36500d;f 为地热流体比例系数;$Q_{抽}$ 为20m水位降深时单井涌水量,m³/d;$Q_{回灌}$ 为回灌量,m³/d;T_1 为热储温度,℃;T_2 为回灌温度,取25℃;T_0 为恒温层温度,℃;α 为回灌率,考虑热储岩性、孔隙裂隙发育情况,孔隙型层状热储层取30%、岩溶型层状热储层取90%、裂隙型层状热储层取50%;$Q_{允}$ 为回灌条件下允许开采量,

m^3/d；A 为评价面积，m^2；H 为热储层厚度，m；ρ_e 为热储层的密度，kg/m^3；C_e 为热储层的比热容，$kJ/(kg \cdot ℃)$。

3. 规模化开采—回灌地热田的可开采资源量计算法

近年来，在一些地热田建设了一批大规模开采和回灌的地热项目，以期克服因开采引起的热储压力快速下降，保障地热资源开发利用的可持续性。比如河北省保定市雄县城区的地热采暖项目，有数十眼地热开采井和回灌井投入使用，有效地克服了热储压力的快速下降，被称为"雄县模式"，为地热资源可持续利用提供了重要的示范。随着我国地热领域的不断发展，预期今后会有很多类似的项目。这样的项目的重要特点是在一个相对集中的范围有多眼开采井和回灌井同时运行，相互之间会产生影响，包括热储压力的影响，更重要的是回灌的低温水可能在未经充分加热之前就达到相邻的开采井，即出现不成熟的热突破，影响项目的正常运行。北京市的小汤山地热田的回灌也达到了相当大的规模，也存在出现类似问题的可能。随着对回灌的鼓励措施的持续实施，北京市其他地热田的回灌也可能快速发展。这样，就需要采用和"对井"系统不同的方法计算回灌条件下地热资源可开采量。这里，我们提出了在开采出的地热水 100% 回灌的情况下，在不考虑地热田的流体补给、热量的天然补给和散失的情况下，以开采—回灌运行 100 年的项目周期内，热储温度下降不超过 2℃ 的前提下，每年可以开采—回灌的地热水量和蕴含的热能为地热资源可开采量。

6.1.2　地热资源量计算和评价结果

6.1.2.1　计算参数取值

1. 热储面积

热储面积为埋深 4000m 以浅、井口温度大于 40℃ 且单井出水量大于 $20m^3/h$ 的地热井圈闭的范围。利用各个地热分区、地热田、地热异常区的分界线、热储温度等值线和热储厚度等值线等图件计算各分区的热储面积。

2. 热储厚度

热储厚度为地层厚度与砂厚比的乘积。基岩热储厚度为埋深 4000m 以浅基岩的评价平均厚度与储厚比的乘积。热储砂厚比由各地热田钻孔统计确定，基岩储厚比则参照区域值。

3. 热储温度

热储温度由地温梯度推算确定。

热储温度计算公式：

$$T_z = T_0 + \frac{\Delta T}{100}(H - H_0) \tag{6-14}$$

式中，T_z 为热储顶板温度，℃；T_0 为温带温度或多年平均气温，℃；ΔT 为地温梯度，℃/100m；H_0 为恒温层深度，m；H 为热储顶板埋深，m；

表 6-1　北京市地热资源评价结果表

地热田		延庆	沙河	小汤山	良乡	东南城区	李遂	天竺	双桥	后沙峪	凤河营	合计
面积/km²		95.3	337.2	170.8	348.4	232	475.7	254.6	463.2	227	174.3	2778.5
热储存量/10^{15}kJ		6.05	7.79	5.13	10.7	12.5	9.17	9.85	12.5	15	10.8	99.4
热储存量折合标准煤/10^8t		2.1	3.6	2.7	5.1	3.4	3.1	4.3	4.3	1.8	3.7	33.9
热储法结果	地热资源可采量/kJ	$9.08×10^{14}$	$1.17×10^{15}$	$7.70×10^{14}$	$1.60×10^{15}$	$1.87×10^{15}$	$1.38×10^{15}$	$1.48×10^{15}$	$1.88×10^{15}$	$2.25×10^{15}$	$1.62×10^{15}$	$1.49×10^{16}$
	地热资源可采量折合标准煤/10^8t	$3.10×10^7$	$3.99×10^7$	$2.63×10^7$	$5.46×10^7$	$6.38×10^7$	$4.70×10^7$	$5.04×10^7$	$6.41×10^7$	$7.68×10^7$	$5.51×10^7$	$5.09×10^8$
	热流体储存量/m³	$1.19×10^9$	$2.79×10^9$	$1.32×10^9$	$2.63×10^9$	$3.34×10^9$	$3.21×10^9$	$2.54×10^9$	$2.87×10^9$	$4.30×10^9$	$1.54×10^9$	$2.57×10^{10}$
开采系数法结果	地热流体可采资源量/(m³/a)	$5.96×10^5$	$1.39×10^6$	$6.62×10^5$	$1.32×10^6$	$1.67×10^6$	$1.60×10^6$	$1.27×10^6$	$1.44×10^6$	$2.15×10^6$	$7.68×10^5$	$1.29×10^7$
	可开采热量/(kJ/a)	$1.38×10^{11}$	$2.34×10^{11}$	$1.30×10^{11}$	$2.24×10^{11}$	$2.84×10^{11}$	$2.45×10^{11}$	$2.51×10^{11}$	$2.00×10^{11}$	$2.81×10^{11}$	$2.15×10^{11}$	$2.20×10^{12}$
	折合标准煤/(t/a)	$4.70×10^3$	$8.00×10^3$	$4.43×10^3$	$7.64×10^3$	$9.68×10^3$	$8.38×10^3$	$8.55×10^3$	$6.83×10^3$	$9.60×10^3$	$7.34×10^3$	$7.51×10^4$
考虑回灌情况下结果	地热流体可采资源量/(m³/a)	$2.96×10^8$	$5.87×10^8$	$3.12×10^8$	$7.73×10^8$	$9.05×10^8$	$8.19×10^8$	$5.55×10^8$	$1.15×10^9$	$1.62×10^9$	$4.16×10^8$	$7.43×10^9$
	可开采热流/(kJ/a)	$6.84×10^{13}$	$9.87×10^{13}$	$6.10×10^{13}$	$1.31×10^{14}$	$1.56×10^{14}$	$1.25×10^{14}$	$1.11×10^{14}$	$1.59×10^{14}$	$2.04×10^{14}$	$1.17×10^{14}$	$1.23×10^{15}$
	折合标准煤/(t/a)	$2.33×10^6$	$3.37×10^6$	$2.08×10^6$	$4.48×10^6$	$5.31×10^6$	$4.27×10^6$	$3.80×10^6$	$5.44×10^6$	$6.97×10^6$	$4.00×10^6$	$4.21×10^7$
最大允许降深法结果	地热流体可采资源量/(10^4m³/a)	306.1	839.9	642.5	1111.8	733.7	877.6	902	1037	543.2	390.1	7383.8
	可开采热量/(kJ/a)	$7.09×10^{11}$	$1.11×10^{12}$	$1.08×10^{12}$	$1.54×10^{12}$	$1.67×10^{12}$	$1.34×10^{12}$	$1.52×10^{12}$	$1.42×10^{12}$	$1.54×10^{12}$	$1.13×10^{12}$	$1.31×10^{13}$
	折合标准煤/(t/a)	$4.03×10^4$	$8.79×10^4$	$6.34×10^4$	$8.78×10^4$	$8.63×10^4$	$7.64×10^4$	$9.47×10^4$	$8.08×10^4$	$6.17×10^4$	$6.45×10^4$	$7.44×10^5$
采灌均衡(100年下降2℃)	地热流体可采资源量/(10^4m³/a)	424.57	725.42	320.07	1107.98	395.47	141.33	732.23	376.07	522.74	518.69	5264.57
	可采热量/(kJ/a)	$9.76×10^{11}$	$1.49×10^{12}$	$5.56×10^{11}$	$7.66×10^{11}$	$8.66×10^{11}$	$2.16×10^{11}$	$1.04×10^{12}$	$5.18×10^{11}$	$1.45×10^{12}$	$3.39×10^{12}$	$1.1310×10^{13}$
	折合标准煤/(t/a)	$5.55×10^4$	$8.46×10^4$	$3.16×10^4$	$4.36×10^4$	$4.93×10^4$	$1.23×10^4$	$5.93×10^4$	$2.95×10^4$	$8.27×10^4$	$1.93×10^5$	$6.41×10^5$

4. 孔隙度

有钻孔资料的地热田采用钻孔实测资料，无钻孔资料的采用经验值。

5. 热储岩石和水的比热与密度

参考《地热资源评价方法》（DZ 40—85）确定。

6. 水文地质参数

根据已有抽水试验的参数值确定，无抽水试验资料地区，参照《水文地质手册》或相关报告选取区域经验值。

6.1.2.2　评价结果

按照热储法计算，北京市评价范围内地热资源总量为 9.94×10^{16} kJ，折合标准煤为 3.39×10^{9} t（表6-1），热资源可开采量为 1.49×10^{16} kJ，折合标准煤为 5.09×10^{8} t，北京市地热流体储存量共计 2.57×10^{10} m³。采用开采系数法计算北京市远景地热田地热流体可开采量为 1.29×10^{7} m³/a，地热流体可开采热量为 2.20×10^{12} kJ/a，折合标准煤为 7.51×10^{4} t/a。考虑回灌条件下北京市地热流体可开采量为 7.43×10^{9} m³/a，可开采热量为 1.23×10^{15} kJ，可开采热量折合标准煤为 4.21×10^{7} t/a。以最大允许降深法计算北京市地热流体可采资源量为 7383.79×10^{4} m³/a，地热流体可采热量为 1.31×10^{13} kJ/a，折合标准煤为 7.44×10^{5} t/a。在采灌均衡条件下，地热资源保持可持续开发利用状态，结合《全国地热资源现状调查评价与区划技术要求》，利用热储法计算北京地区热储温度 100 年各地热田平均下降 2℃时地热流体可采资源量为 1.13×10^{13} kJ，结合北京地区各地热田实际出水温度，各地热田按照平均法计算，北京市地热水资源可开采量为 5264.57×10^{4} m³/a。

6.2　地热流体质量评价

北京市地热资源属于中低温水热型，除凤河营地热田外，其他地热田流体温度多在 80℃以下，适宜直接利用。目前，北京市地热资源利用量为 $(600\sim800)\times10^{4}$ m³/a，主要用于地热采暖、温室种植、温泉疗养、洗浴、水产养殖及少量的工业利用。此外，个别地热井用来生产天然矿泉水和地震观测。

6.2.1　医疗热矿水的特征和对人体的作用

地热水的医疗保健功能在于天然形成的 25℃以上的温泉含有一定的矿物和气体成分。医疗热矿水评价以《地热资源地质勘查规范》中"医疗热矿水水质标准"为依据，以区内地热水中各元素实际含量与之对比进行医疗热矿水评价（表3-6）。

温泉的疗养作用由于采用的方式不同而有差异，主要有浸浴、淋浴、饮用、洗胃、灌肠、含漱等，并配合药物、按摩器械（据2010年《北京地热》）。温泉水的医疗保健作用可归纳为以下三种对人的刺激作用。

1. 机械刺激作用

1）水的浮力作用

矿化度高的水浮力更大，可显著减轻运动器官的负担，四肢活动较容易，对运动障碍的患者有益，在浸浴中自动或被动运动有较好的疗效。

　　2）水的静压作用

　　人在水面以下，水对人体产生静压力，水深则静压力大，人体受压部位不同而产生的效果也不一样，如胸围可压缩 1~3.5cm，腹围可压缩 2.5~6.5cm，此时胸膈肌上升 1cm，从而促进四肢动脉血液循环与淋巴的回流。水的静压可以使末梢静脉血液受压后大量向心脏回流，对淋巴淤积水、水肿、关节肿痛有促进吸收消肿的疗效。由于静脉血液大量回流到心脏，造成心脏负担加重，血压上升，故对心脏机能有障碍者不利，应慎用。水对胸腔的压力使呼吸产生明显变化，引起呼气通畅，吸气困难，对肺气肿、支气管哮喘病人有良好的影响，而对肺淤血病人会引起呼吸不畅甚至呼吸困难的不良效果。

　　3）液体微粒运动对机体的摩擦作用

　　浸浴时水分子的运动及水中气体不断溢出，对机体末梢神经不断进行轻度的摩擦作用，这种温和刺激能产生良好的镇静止痛作用，调节了皮肤的新陈代谢、呼吸及机体内脏功能。

　　2. 温度刺激作用

　　1）低温浴疗效

　　具有促进肾上腺效应、兴奋交感神经，皮肤血管收缩，脉搏缓慢，心搏出量减少，血压升高，肠胃蠕动降低等作用。

　　2）温热浴的疗效

　　入浴水温 37~39℃，能兴奋副交感神经系统，血管扩张，脉搏加速，血流加快，心动强度增加，血压下降，皮肤温度下降，基础代谢旺盛，肠胃蠕动加强，胃液分泌开始由增多逐渐减少。循环血量增加，呼吸频率增加。

　　3. 化学成分的刺激作用

　　化学成分对人体的刺激作用依水中所含矿物成分、气体成分及放射性物质的不同而有差异，又因矿化度、胶体性和渗透压的不同而有不同。渗透压按水中溶解固体总量分三等：低渗压，溶解固体总量 1~8g/L；等渗压，溶解固体总量 8~10g/L；高渗压，溶解固体总量 10g/L 以上。

　　北京市大部分医疗热矿水属于低矿化度盐类溶液，具有低渗透压，大部分化学物质处于离子状态，故易于透过皮肤进入机体而发挥作用，不仅在浴中，在浴后继续发生作用。

6.2.2　医疗热矿水评价

　　北京市地热水绝大部分地热水中含有氟，且达到命名浓度，多数含有偏硅酸并达到医疗价值，有的达到命名浓度；部分井的地热流体偏硼酸含量达到医疗价值，个别达到命名浓度；多数井地热流体含有硫化氢，少数达到命名浓度；个别井的地热流体中镭、氡、碘、锂、铁、钡、锶达到命名浓度；绝大部分地热流体的溶解固体总量小于 1.0g/L，少部分高于 1.0g/L，其中最高达 7.5g/L（桐热-7 井）。北京市的地热水一般属于微硬或软水。北京市地热水具体评价结果见表 6-2。

表6-2 医疗热矿水评价表

编号	总Fe	氟	矿化度	偏硅酸	游离二氧化碳	锂	锶	溴化物	碘化物	偏砷酸	偏硼酸	氡222放射性	硫化氢	温度	钡	水质类型
京热-91	10.5	0.1	6740	86.2	13.2	0.102	27.1	6	0.76	<0.002	10	3.05	1.62	54	0.692	含硫化氢、溴、偏硼酸的镭水、铁水、硅水
京热-131	1.32	5.9	5170	47.9	3.5	0.55	11.7	1.1	0.47	0.012	4.8	0.46	0.29	66	0.08	含偏硅酸、偏硼酸的氟水、镭水
京热-104	1.94	24.5	4850	77.5	22	2.11	0.66	7.5	0.52	0.003	150	1.55	0.96	62	0.079	含溴、锂的氟水、硼水、硅水
京热-120	4.4	4.8	3470	106	28.6	1.13	3.24	1.8	0.18	<0.002	66	3.85	0.24	89	0.082	含锂的氟水、硼水、硅水
京热-155	1.08	19	2730	68.6	8.8	0.962	0.59	0.65	<0.02	<0.002	52	2.61	14	72	0.322	氟水、硫化氢水、硅水
兴热-4	0.76	7.8	2530	30.3	2.2	1.27	3.05	0.05	<0.02	<0.002	6	14.3	2.95	44	0.066	含锂、偏硼酸、偏硅酸的氟水
京热-105	0.12	18.5	2030	54.7	4.4	0.0625	1.17	1.7	0.12	<0.002	65	1.41	16.2	67	115.8	氟水、偏硅酸硫化氢水、硼水、硅水
京热-151	21	2.7	1910	70.8	28.6	0.073	6.71	0.55	6.4	<0.002	1.96	4.59	<0.05	53	<0.001	含偏硼酸的氟水、碘水、铁水、硅水
京热-162	3	18	1700	46	4.4	0.25	0.62	1.6	0.13	<0.002	48	4.6	7.93	64	1.92	含偏硅酸、偏硼酸的氟水、硫化氢水
京热-127	0.104	9	1470	37.4	0	0.15	0.82	0.65	0.11	0.002	3	16.3	0.08	62	0.012	含偏硼酸、偏硅酸的氟水
顺热-5	0.68	11.8	1450	37.6	2.2	0.553	0.64	1.25	0.11	<0.002	4.4	6.27	0.09	57	8.93	含偏硼酸、偏硅酸的氟水、钡水
京热-132	1.4	5	1390	39.4	4.4	0.354	2.08	0.13	<0.02	<0.002	1.2	1.55	0.07	60	0.315	含偏硼酸、偏硅酸的氟水

续表

编号	总 Fe	氟	矿化度	偏硅酸	游离二氧化碳	锂	锶	溴化物	碘化物	偏砷酸	偏硼酸	氡222放射性	硫化氢	温度	钡	水质类型
顺热-7	1.04	5.8	1270	36.4	2.2	0.144	0.76	0.4	0.03	0.03	5.6	2.01	0.15	50	0.05	含偏硼酸、偏硅酸的氟水
京热-159	0.54	15	1110	33.6	2.2	0.342	—	0.55	<0.02	—	8	—	0.16	—	—	含偏硼酸、偏硅酸的氟水
顺热-8	0.42	3.9	1040	41.2	0	0.145	0.45	0.46	<0.02	0.025	4.2	2.81	0.22	50	0.03	含偏硼酸、偏硅酸的氟水
顺后热-6	0.208	5.2	1020	49.5	0	0.157	0.92	0.5	<0.02	0.003	1.52	13.7	0.37	66	0.08	含偏硼酸的氟水、硅水
QH2	0.004	9	942	93.1	0	0.378	0.6	0.22	<0.02	0.038	5	4.5	<0.05	0.063	0.058	含偏硼酸、偏硅酸的氟水、硅水
温热-5	0.12	7.4	918	28.8	0	0.01	0.87	0.28	<0.02	<0.002	1.2	1.33	2.46	29	0.064	含偏硼酸、偏硅酸的氟水、硫化氢水
通热-8	2	30	888	37	2.2	0.331	0.13	0.11	<0.02	<0.002	8.2	0.65	9.55	53	2.12	含偏硼酸、偏硅酸的氟水、硫化氢水
顺热-6	0.012	4.6	886	37.3	0	0.093	0.65	0.4	<0.02	0.01	2.8	4.71	0.05	43	0.08	含偏硼酸、偏硅酸的氟水
JR灌-7	1.4	2.8	833	38.3	17.6	0.0788	2.29	<0.05	<0.02	—	0.56	—	<0.05	—	—	含偏硅酸的氟水
京热-35	0.72	6.8	790	53.7	11	0.372	—	0.28	<0.02	—	6.4	—	0.2	—	—	含偏硼酸的氟水、硅水
兴热-6	2	4.8	770	35.6	2.2	0.193	1.5	<0.05	0.11	—	3.1	—	<0.05	—	—	含偏硼酸、偏硅酸的氟水

注：—表示未达到检测限。

1. 氟

氟的重要作用在于参与人体内钙和磷的代谢，增加骨骼和牙齿的强度，增强牙釉的抗酸能力，对细菌和酶有抑制作用，从而达到防龋作用。对铁的吸收有促进作用。补充适量的氟能提高生物体的抗氧化能力，减少体内褐色素的生成和积聚，从而发挥抗衰老作用。

根据临床观察，对银屑病疗效较好，并有随氟含量的增加疗效增大的趋势。

人体缺氟易患龋齿及骨质疏松，过量则患氟斑牙，严重者患氟骨症。

2. 偏硅酸

偏硅酸是水中特殊的化学组分之一，达到一定的量时具有医疗作用，是人体正常生长和骨骼钙化不可缺少的。浴用对湿疹、银屑病、荨麻疹、瘙痒症及妇女病有疗效。

3. 偏硼酸

硼在水中多以偏硼酸（H_2SiO_3）的形式存在，硼有消毒、消炎的作用，可治皮肤黏膜伤口和溃疡等。

4. 硫化氢

浴用硫化氢热水能提高血液中维生素 C 的浓度，增加解毒功能，提高尿酸的排泄。硫化氢可溶解皮肤角质，有软化皮肤的作用。入浴硫化氢泉，对风湿症、皮肤病、神经病、动脉硬化均有疗效。一般总硫量大于 2mg/L 就有医疗价值，总硫量系指 S、HS、H_2S、SO_2 的总和。

硫化氢有臭鸡蛋味，浓度高时对眼结膜、鼻黏膜和呼吸系统有刺激作用，居住区大气中 H_2S 最大允许浓度为 0.01mg/m² （表6-3）。

表 6-3 硫化氢浓度对人的影响

硫化氢浓度/（mg/L）	症状
0.025	敏感的人能嗅到臭气
0.3	全部的人都能嗅到臭气
2.4	臭味明显，但不觉苦痛
3～8	硫化氢臭味强，使人有不快感
10	允许浓度（指 8 小时中等劳动强度）
20	长时间作业能忍受
20～30	臭气虽强，但能忍受，可见对臭气习惯了
80～120	明显症状，可忍耐 6 小时
200～300	约能忍受 1 小时，2～8 分钟后，眼、鼻、喉有强烈痛感
500～700	30 分钟有生命危险
1000～1500	数分钟内精神恍惚，呼吸麻痹进而死亡

5. 氡（镭射气）

氡气的医疗作用在于现场就地入浴，长时期停放将失去医疗作用。氡穿透皮肤或黏膜进入人体，进入人体的氡量随人体的年龄、皮肤特征、水温、水中碳酸气的含量不同而不同。在 15 分钟治疗时间内，从浴水中进入人体的氡量大约为水中氡气量的 4%，出浴 1～2 小时后有 90%～95% 即排放出去。氡从呼吸道进入体内，也从呼吸器官排出，在通风良好的环境下，吸入量很少。

氡有扩张血管、改善循环、促进新陈代谢、调整内分泌和自律神经机能的作用。氡在水中的医疗作用没有上限的规定，在空气中不得超过11Ci/L（0.37Bq/L）。

6. 碘

碘由皮肤和呼吸吸收，集存于人体甲状腺、脑垂体、肾上腺、卵巢中，是生命所必需的物质，缺碘会导致机体发生严重障碍。碘能明显地激活机体的防御机能，在风湿性关节炎疾病以及淋巴系统中更明显。浴后又能降低血脂，使脑磷脂明显下降。

6.2.3　地热水在医疗方面的应用案例

20世纪70年代初期在北京市内先后有三口地热井成功，其中北京站地热井尤其吸引广大市民。1972年周恩来总理批示卫生部主持研究北京站热水井（京热-5井）的水质及医疗作用，后经首都医院、中国医学科学研究院及军事医学科学院等十余家单位，组织422个病例的临床疗效研究，并以卫生部文件（73）卫军管字第29号文上报《关于研究北京站热水井水质分析和疗效观察工作总结报告》。表明地热水洗浴除具有一般卫生保健作用外，对皮肤病有较好的疗效。如对银屑病及神经性皮炎患者洗浴治疗的有效率分别为91.6%和90.6%，对关节炎患者也可减轻症状，具有缓解疼痛和消散肿胀的作用。另外，热矿水洗浴对早期心血管疾病（如高血压、动脉硬化等）和呼吸系统疾病（如气管炎、哮喘等）也具有一定的疗效。

北京小汤山康复医院主要采用温泉浴疗方法配合理疗、针灸、按摩、药物等手段，据1981～1988年的统计，总有效率达89.60%（表6-4）。

表6-4　小汤山康复医院温泉疗效统计表

疾病类	病人数	显著有效率/%	好转率/%	总有效率/%
风湿性关节炎、运动系统疾病	6202	7.50	82.10	89.60
脑血管病后遗症、神经损伤、神经炎等有关疾病	5514	9.30	79.70	89.00
高血压、冠心病等系统疾病	2462	11.90	77.70	89.60
气管炎、哮喘病等呼吸道疾病	884	13.20	75.10	88.30
胃、十二指肠溃疡、胃炎等消化系统疾病	4140	19.80	68.60	88.40
皮肤病、银屑病、皮炎等	1394	60.20	34.50	94.70
合计	20596	14.80	74.80	89.60

6.3　地热资源综合评价

6.3.1　地热资源量综合评价

为了评价成果便于使用，以下按四级地质构造单元、热储温度、行政单元及地热田分区分别进行统计详述：

表 6-5　北京市地热资源构造分区评价结果一览表

I级	II级	III级	IV级	地热资源量 /10^{15}kJ		地热资源可采量 /10^{14}kJ		地热流体储量 /10^{8}m³		地热流体可开采量 /(10^{6}m³/a)		地热流体(体)可开采热量 /(10^{11}kJ/a)		回灌开采量 /(10^{8}m³/a)		回灌开采热量 /(10^{13}kJ/a)	
				分	计	分	计	分	计	分	计	分	计	分	计	分	计
中朝准地台	燕山台褶带 (II₁)	承德迭隆断 (III₁)	IV₁	0.0		0.0		0.0		0.0		0.0		0.0		0.0	
		密云杯柔中隆断 (III₂)	IV₂	0.0		0.0		0.0		0.0		0.0		0.0		0.0	
			IV₃	0.0		0.0		0.0		0.0		0.0		0.0		0.0	
			IV₄	0.0		0.0		0.0		0.0		0.0		0.0		0.0	
			IV₅	7.4	13.3	11.1	19.9	26.2	37.8	6.2	9.2	10.9	17.7	5.5	8.4	9.4	16.0
			IV₆	0.0		0.0		0.0		0.0		0.0		0.0		0.0	
		兴隆迭拗褶 (III₃)	IV₇	5.9	23.8	8.8	35.7	11.6	64.8	3.0	14.9	6.8	27.6	2.9	16.2	6.6	29.0
		蓟县中拗褶 (III₄)	IV₈	0.0		0.0		0.0		0.0		0.0		0.0		0.0	
		西山迭拗褶 (III₅)	IV₉	0.0		0.0		0.0		0.0		0.0		0.0		0.0	
			IV₁₀	0.0		0.0		0.0		0.0		0.0		0.0		0.0	
			IV₁₁	10.5	10.5	15.8	15.8	27.0	27.0	5.7	5.7	9.9	9.9	7.8	7.8	13.0	13.0
			IV₁₂	0.0		0.0		0.0		0.0		0.0		0.0		0.0	
	华北断拗 (II₂)	北京迭断陷 (III₆)	IV₁₃	21.6		32.3		65.4		20.1		35.4		16.7		27.6	
			IV₁₄	18.2	49.4	27.3	74.0	45.1	138.9	16.5	42.2	31.6	73.7	11.5	40.1	21.4	62.6
			IV₁₅	9.6		14.4		28.4		5.6		6.7		11.9		13.6	
		大兴迭隆起 (III₇)	IV₁₆	11.2	22.0	16.8	33.0	24.7	47.4	7.7	14.5	11.5	23.0	9.2	16.5	13.7	26.9
			IV₁₇	10.8	75.7	16.2	113.4	22.7	192.5	6.8	58.8	11.5	103.1	7.3	58.2	13.2	94.1
		大厂新断陷 (III₈)	IV₁₈	4.3	4.3	6.4		6.2		2.1		6.4		1.6		4.6	4.6
		固安-武清新断拗 (III₉)	IV₁₉	0.0		0.0		0.0		0.0		0.0		0.0		0.0	
合计				99.5		149.1		257.3		73.7		130.7		74.4		123.1	

1. 地质构造单元分区

北京市涉及本次地热资源评价的地质构造单元主要有一级地质构造的中朝准地台。二级地质构造的燕山台褶带（Ⅱ₁）、华北断拗（Ⅱ₂）。三级地质构造的承德迭隆断（Ⅲ₁）、密云怀柔中隆断（Ⅲ₂）、兴隆迭拗褶（Ⅲ₃）、蓟县中拗褶（Ⅲ₄）、西山迭拗褶（Ⅲ₅）、北京迭断陷（Ⅲ₆）、大兴迭隆起（Ⅲ₇）、大厂新断陷（Ⅲ₈）、固安-武清新断陷（Ⅲ₉）；四级地质构造单元的三岔口-丰宁中穹断（Ⅳ₁）、密云迭穹断（Ⅳ₂）、花盆-四海迭陷褶（Ⅳ₃）、大海坨中穹断（Ⅳ₄）、昌平怀柔中穹断（Ⅳ₅）、八达岭中穹断（Ⅳ₆）、延庆新断陷（Ⅳ₇）、新城子中陷褶（Ⅳ₈）、平谷中穹断（Ⅳ₉）、青白口中穹褶（Ⅳ₁₀）、门头沟迭陷褶（Ⅳ₁₁）、十渡-房山中穹褶（Ⅳ₁₂）、顺义迭凹陷（Ⅳ₁₃）、坨里-丰台迭凹陷（Ⅳ₁₄）、琉璃河-涿县迭凹陷（Ⅳ₁₅）、黄庄迭凸起（Ⅳ₁₆）、牛堡屯-大孙各庄迭凹陷（Ⅳ₁₇）、觅子店新凹陷（Ⅳ₁₈）及固安新凹陷（Ⅳ₁₉），评价结果见表6-5。从表中可以看出，北京市50%左右的地热资源量分布在北京迭断陷中，22%分布在大兴迭隆起中。

2. 按热储温度评价

按照《全国地热资源现状评价与区划技术要求》，根据不同温度地热资源开发利用方向不同，将25~40℃、40~60℃、60~90℃、90~150℃、>150℃五个不同温度范围地热资源分别进行评价（表6-6）。北京市地热资源绝大多数分布在40~60℃及60~90℃之间，占北京市地热资源量的93.3%；仅在北京市南部的凤河营地区为90~150℃，占北京市地热资源量的2.11%。

表6-6　北京市地热资源温度分区评价结果一览表

温度区划/℃	地热资源量/10^{15}kJ	地热资源可采量/10^{14}kJ	地热流体储量/10^8m³	地热流体可开采量/(10^6m³/a)	地热流体可开采热量/(10^{11}kJ/a)
25~40	4.7	7.0	15.1	2.9	3.1
40~60	53.6	80.4	144.7	37.7	59.3
60~90	39.1	58.6	94.4	31.1	61.9
90~150	2.1	3.2	3.1	2.1	6.4
合计	99.5	149.2	257.3	73.8	130.7

3. 按行政单元评价

按照《全国地热资源现状评价与区划技术要求》，本次评价的行政区单元主要为东城区、西城区、朝阳区、丰台区、海淀区、房山区、通州区、顺义区、昌平区、大兴区、延庆区。各区地热资源量详见表6-7。北京市地热资源量主要集中在通州区、顺义区、朝阳区、房山区、昌平区，约占北京市总量的75%。

表6-7　北京市地热资源行政分区评价结果一览表

行政分区	地热资源量/10^{15}kJ	地热资源可采量/10^{14}kJ	地热流体储量/10^8m³	地热流体可开采量/(10^6m³/a)	地热流体可开采热量/(10^{11}kJ/a)
东城区	1.9	2.8	4.1	1.4	3.2

续表

行政分区	地热资源量/10^{15}kJ	地热资源可采量/10^{14}kJ	地热流体储量/10^8m³	地热流体可开采量/(10^6m³/a)	地热流体可开采热量/(10^{11}kJ/a)
西城区	0.6	0.8	1.1	0.6	1.3
朝阳区	15.3	22.9	35.0	13.5	26.0
丰台区	4.5	6.8	12.0	3.4	6.7
海淀区	4.1	6.1	10.2	2.6	4.3
房山区	13.8	20.6	39.6	10.5	14.5
通州区	16.7	25.1	34.5	9.5	16.2
顺义区	15.6	23.5	50.2	15.4	26.0
昌平区	13.0	19.5	40.5	8.5	14.7
大兴区	8.1	12.2	18.6	5.5	11.0
延庆区	5.9	8.8	11.6	3.0	6.8
合计	99.5	149.3	257.3	72.5	127.5

4. 按地热田评价

据《北京市地热资源 2006—2020 年可持续利用规划》，北京市共划分出 10 个地热田，分别为延庆地热田、小汤山地热田、后沙峪地热田、西北城区地热田、天竺地热田、李遂地热田、东南城区地热田、双桥地热田、良乡地热田、凤河营地热田，评价结果详见表 6-8。

表 6-8 北京市地热资源地热田分区评价结果一览表

地热田	地热资源量/10^{15}kJ	地热资源可采量/10^{14}kJ	地热流体储量/10^8m³	地热流体可开采量/(10^6m³/a)	地热流体可开采热量/(10^{11}kJ/a)	回灌开采量/(10^8m³/a)	回灌开采热量/(10^{13}kJ/a)
延庆地热田	6.1	9.1	11.9	3.1	7.1	3.0	6.8
小汤山地热田	7.8	11.7	27.9	6.4	11.1	5.9	9.9
后沙峪地热田	5.1	7.7	13.2	5.4	10.8	3.1	6.1
西北城区地热田	10.7	16.0	26.3	8.4	15.4	7.7	13.1
天竺地热田	12.5	18.7	33.4	9.0	16.7	9.0	15.6
李遂地热田	9.2	13.8	32.1	8.8	13.4	8.2	12.5
东南城区地热田	9.8	14.8	25.4	7.3	15.2	5.5	11.1
双桥地热田	12.5	18.8	28.7	10.4	14.2	11.5	15.9
良乡地热田	15.0	22.5	43.0	11.1	15.4	16.2	20.4
凤河营地热田	10.8	16.2	15.4	3.9	11.3	4.2	11.7
合计	99.5	149.3	257.3	73.8	130.6	74.3	123.1

6.3.2　地热流体质量综合评价

北京市绝大部分地热水中含有氟，且达到命名浓度，多数含有偏硅酸且达到医疗价值，有的达到命名浓度；部分井的偏硼酸含量达到医疗价值，个别达到命名浓度；多数地热井含有硫化氢，少数达到命名浓度；个别井中镭、氡、碘、锂、铁、钡、锶达到命名浓度；绝大部分地热水的溶解固体总量小于 1.0g/L，少部分高于 1.0g/L，其中最高达 7.5g/L。北京市的地热水一般属于微硬或软水。

北京市地热水水质资料分析表明绝大多数地热水中含有氟，其中氟含量只有 37 件水样小于 5mg/L，较适合渔业养殖，而且这些地热井多处在地热田外围，如永热-1 井、永热-2 井、顺热-6 井、昌热-2 井等，其中小于 1mg/L 的优质地热水仅有 7 件，1~2mg/L 的仅有 2 件，2~5mg/L 的有 28 件。绝大多数氟含量在 5~9mg/L（80 件），氟含量大于 9mg/L 的约有 20 组样品。故大多数地热井不适合作为渔业养殖的直接用水。在所有样品中挥发酚类含量均小于 0.001mg/L，比较适宜渔业养殖。在所有样品中只有 2 个样品浓度大于 0.0001mg/L，其他均小于 0.00005mg/L，比较适宜渔业养殖。其他元素，如铜、镉、铅、镍除极个别样品浓度大于规定值外，均小于检出值，比较适宜渔业养殖。综上所述，北京市只有 1/4 左右的地热井水可进行渔业养殖，绝大多数地热水氟含量均超标，一般不能直接作为渔业用水。

依据农业灌溉用水的控制项目溶解固体总量（TDS）、氯化物、碳酸盐、硼、砷及氟化物等评价，绝大部分地热水可以作为农业浇灌的直接用水。根据钠吸附比 SAR 进行评价，88.6% 地热水不适于农业浇灌直接用水。此外，北京市地热水温度多大于 35℃，故地热水不能直接用于农业灌溉，需经梯级利用后使尾水温度低于 35℃ 方可用于农业浇灌。

北京市地热流体腐蚀性通过 Larson 指数评价，具有腐蚀性的地热水除个别在东南城区地热田（3 件）、西北城区地热田（2 件）、后沙峪地热田（2 件）外，剩余全部集中在天竺地热田。其中具有轻微腐蚀性水（0.5<LI<3.0）样品共 12 件，中等腐蚀性水 5 件（3.0<LI<10），强腐蚀性水（LI>10）3 件。

地热流体腐蚀性评价利用腐蚀系数法评价，具有腐蚀性水 1 件，半腐蚀性水 35 件，非腐蚀性水 84 件。其中腐蚀性水中又以轻微腐蚀性水为主。

地热流体分解性侵蚀评价结果显示：只有温热-5 井和京热-131 井对火山灰质矿渣硅酸盐水泥（B）具有分解侵蚀性，其余样品对硅酸盐水泥（A）和火山灰质矿渣硅酸盐水泥（B）均无分解侵蚀性。

北京市地热流体均不具有酸性侵蚀和碳酸侵蚀性。

北京市地热流体均对抗硫酸硅酸盐水泥（A）和抗硫酸火山灰质矿渣硅酸盐水泥（B）无结晶侵蚀性。

北京市地热流体绝大多数具有碳酸钙结垢趋势，87.1% 为中等及轻微碳酸钙结垢趋势。

北京市地热流体均无硫酸钙垢结垢趋势。

北京市地热流体均无硅酸盐结垢趋势。

综上所述，北京市的地热水中导致腐蚀的因素是比较弱的，结垢趋势也相对较弱。但在地热开发利用过程中由于温度、压力等条件的变化引起的腐蚀及结垢是普遍的，整体上，北京市地热水中导致腐蚀结垢的因素与其他地区相比不能算是严重的。

第7章 地热资源开发利用区划与建议

7.1 地热资源开发利用区划

地热资源区划包括地热资源特征区划和地热资源开发利用区划两大类。地热资源特征区划按地热资源流体温度以及地热流体水化学特征等分别进行区划。

地热资源开发利用区划包括地热资源开发利用方案区划和开发利用潜力区划。地热资源开发利用方案区划应基于温度等级区划及流体水化学特征区划，并结合以往的开发利用情况、地区经济发展状况，充分考虑梯级开发利用技术等确定其合理开发利用方向。主要开发利用方向包括：地热发电、地热供暖、医疗保健、农业种植、水产养殖、农业灌溉、工业利用等。

7.1.1 地热资源特征区划

7.1.1.1 地热资源温度区划

为确定北京市地热资源开发利用方向，按泉或地热井口的温度进行地热资源梯级开发利用温度区划，温度区划分五级，具体如下。

Ⅰ级：温度大于150℃，主要用于发电、烘干和采暖。

Ⅱ级：温度为90～150℃，主要用于烘干、发电和采暖。

Ⅲ级：温度为60～90℃，主要用于采暖、医疗、洗浴和温室种植。

Ⅳ级：温度为40～60℃，主要用于医疗、休闲洗浴、采暖、温室种植和养殖。

Ⅴ级：温度为25～40℃，主要用于洗浴、温室种植、养殖、农灌和采用热泵技术的制冷供热。

北京的地热属于中低温资源，目前地热流体最高温度为118.5℃，故在温度区划中不存在Ⅰ级，具体温度区划如图7-1所示。

1. 延庆地热田

延庆地热田地热水温度为33.7～71℃，大部分为50～70℃，温度分级主要为Ⅲ级、Ⅳ级、Ⅴ级，其中25～40℃、40～60℃、60～90℃分布面积分别为54.66km²、28.10km²、9.13km²。该地热田的主要开采集中在延庆城区周边温度相对较高的区域。延庆目前的地热资源开发利用方式主要为地热供暖、温泉洗浴等。按照北京市地热资源温度区划，该地热田地热资源可用于医疗、休闲洗浴、采暖、温室种植和养殖。

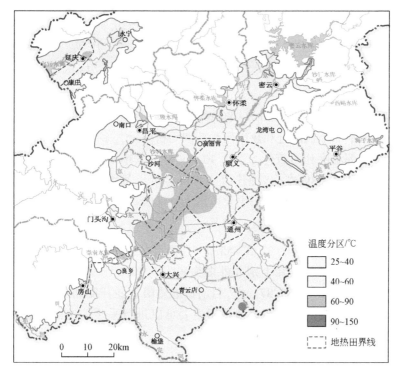

图 7-1 北京市地热资源温度区划图

2. 小汤山地热田

小汤山地热田地热井数量相对较多，密度比较大，地热水温度为 30.5～70.0℃，一般为 40～70℃，温度分级主要为Ⅲ级、Ⅳ级、Ⅴ级，其中 25～40℃、40～60℃和 60～90℃分布面积分别为 44.74km²、94.36km²和 38.68km²。该地热田目前的开发利用方式主要为医疗、洗浴、种植、养殖、供暖，并开展了大规模地热回灌，也有数眼专门地热监测井。按照温度区划，该地热田依旧保持医疗、洗浴、种植、养殖、供暖，并持续开展回灌和动态监测。

3. 后沙峪地热田

后沙峪地热田的地热水温度为 32.0～85.0℃，温度分级主要为Ⅲ级、Ⅳ级、Ⅴ级。地热井开采相对集中，其中地热田西部温度相对较高，一般为 60～85℃，主要为Ⅲ级；地热田东部温度相对较低，一般为 32.0～46.7℃。该地热田 25～40℃、40～60℃、60～90℃地热资源分布面积分别为 12.15km²、171.61km²、62.51km²。该地热田目前的主要开发利用方式为洗浴。按照开发利用温度区划，该地热田西部区域应以医疗、洗浴、种植、养殖、供暖等开发利用为主，东部应以洗浴、种植、养殖等开发利用为主。

4. 西北城区地热田

西北城区地热田地热水的温度为 30.0～84.0℃，温度分级主要为Ⅲ级、Ⅳ级、Ⅴ级，大部分地热井温度为 50～84℃。该区分布面积较大，但开采相对集中，地热田北部主要集中在昌平北七家附近，地热田中部主要集中在洼里—东小口附近，地热田西部相对比较均匀。其中 25～40℃、40～60℃、60～90℃ 分布面积分别为 38.82km²、148.35km²、169.22km²。该地热田现状主要开发利用方式为洗浴、娱乐、供暖。按照开发利用温度区划，在该地热田应主要进行采暖、医疗、洗浴、温室种植、养殖。

5. 天竺地热田

天竺地热田地热水的温度为 40.8～89.0℃，温度分级主要为Ⅲ级、Ⅳ级。温度相对较高的区域为地热田中部金盏附近和热田西北部四元桥附近，多为 60～90℃；在地热田东北部、中南部及东南部温度相对较低，多为 40～60℃。其中 40～60℃ 和 60～90℃ 分布面积分别为 209.34km² 和 71.08km²。该地热田目前的主要开发利用方式为娱乐、洗浴及供暖。按照开发利用温度区划，在该地热田主要可以进行采暖、医疗、洗浴、温室种植、养殖。

6. 李遂地热田

李遂地热田地热水的温度为 27.5～55.0℃，温度分级主要为Ⅳ级、Ⅴ级。该地热田地热水开发利用温度相对较低，除个别井外多为 40.0～50.0℃。其中 25～40℃、40～60℃ 分布面积分别为 17.12km²、239.87km²。目前该地热田主要开发利用方式为供暖、洗浴及娱乐，按照开发利用温度区划，在该地热田主要可以进行采暖、洗浴、温室种植、养殖、农灌和采用热泵技术的制冷供热。

7. 东南城区地热田

东南城区地热田地热水的开采温度为 30.6～88.0℃，温度分级为Ⅲ级、Ⅳ级、Ⅴ级。该地热田地热井密度大，开发利用温度主要为 40～70℃，其中沿地热田北部边界开发利用温度相对较高。其中 25～40℃、40～60℃、60～90℃ 分布面积分别为 10.66km²、108.75km²、89.95km²。目前该地热田地热水的主要开发利用方式为洗浴、娱乐、供暖、医疗，按照开发利用温度区划，在该地热田主要可以进行采暖、洗浴、温室种植、养殖、农灌和采用热泵技术的制冷供热。

8. 双桥地热田

双桥地热田地热水的开采温度为 28.0～58.0℃，温度分级主要为Ⅳ级、Ⅴ级，该地热田地热开发利用温度相对较低，多集中在 40.0～58.0℃，其中 25～40℃、40～60℃ 分布面积分别为 37.39km²、302.10km²，地热井密度也相对较低。目前该地热田的主要开发利用方式为洗浴、娱乐、供暖、温泉养殖、种植及化工，按照开发利用温度区划，在该地热田主要可以进行采暖、洗浴、温室种植、养殖、农灌和采用热泵技术的制冷供热。

9. 良乡地热田

良乡地热田地热水的开采温度为 36.0～72.0℃，温度分级为Ⅲ级、Ⅳ级、Ⅴ级，主要为Ⅳ级。该地热田地热井主要集中在地热田北部，其中南宫村附近为Ⅲ级，良乡镇东南部附近为Ⅴ级，其余多为 40～60℃。其中 25～40℃、40～60℃、60～90℃ 分布面积分别为 245.91km²、190.29km²、6.52km²。目前该地热田的主要开发利用方式为洗浴、娱乐、供暖、温泉养殖、种植。按照开发利用温度区划，在该地热田主要可以进行采暖、洗浴、温室种植、养殖、农灌。

10. 凤河营地热田

凤河营地热田是目前北京市地热水温度最高的地热田，为 54.0~118.5℃，温度分级为Ⅱ级、Ⅲ级、Ⅳ级、Ⅴ级。其中地热田东部区块温度相对较低，多为 50.0~60.0℃；地热田南部温度较高，多为 83.0~118.5℃。地热水温度为 25~40℃、40~60℃、60~90℃ 和 90~150℃ 的分布面积分别为 171.09km²、76.25km²、3.94km² 和 6.43km²。目前该地热田地热井数量比较少，开发利用方式比较单一，主要为洗浴及供暖，按照开发利用温度区划，在该地热田可以进行发电、采暖、洗浴、医疗、温室种植、养殖等。

综上所述，北京市地热水资源开发利用温度主要集中在 40.0~90.0℃，主要开发利用方式为地热供暖、洗浴、娱乐、医疗、温室养殖、种植等。在北京市南部边缘的凤河营地热田地热水温度相对较高，最高达 118.5℃，具有发电潜力。

7.1.1.2　地热流体化学区划

根据北京市地热资源流体化学特征，分别进行水质分级及医疗矿泉水所属类型区划。

1. 地下水质量分级

参照《地下水质量标准》（GB/T 14848—2017），取样 71 组，其中水质全分析测试 39 项，微量元素测试包括：氟、溴、碘、锶、锂、铁、钡、锰、偏硼酸、偏硅酸、偏砷酸、氡等，对其按照地下水质量标准评价，北京市地热流体均为Ⅴ类。

2. 地热流体化学区划

地热资源流体符合医疗热矿水水质标准，按《理疗热矿水水质标准》可分为碳酸水、硫化氢水、氟水、溴水、碘水、锶水、锂水、铁水、钡水、硼水、硅水、砷水、镭水、氡水等；依据所取得的测试数据及收集资料，对北京市地热水进行理疗热矿水划分。

根据本次调查及取样结果，北京市地热水绝大部分含有氟，且达到命名浓度（仅顺热-4井为含氟的地热水，其余均为氟水）。多数含有偏硅酸且达到医疗价值，有的达到命名浓度，在各地热田均有分布。个别井中镭、氡、碘、锂、铁、钡、锶达到命名浓度，如京热-91井为含硫化氢、溴、偏硼酸的锶水、铁水、硅水，京热-105井为氟水、硫化氢水、钡水、硼水、硅水，京热-151井为含偏硼酸的氟水、碘水、铁水、硅水。北京市绝大部分地热水的溶解固体总量小于 1.0g/L，小部分高于 1.0g/L，其中最高达 7.5g/L（桐热-7井）。北京市的地热水一般属于微硬或软水。

1）延庆地热田

该地热田的地热水氟含量为 5.20~19.0mg/L；偏硅酸浓度多为 33.00~61.20mg/L；偏硼酸浓度多为 0.94~1.04mg/L；硫化氢浓度多为 0.05~0.37mg/L；总铁浓度多为 0.004~1.32mg/L；氡含量为 0.48~5.13Bq/L。延庆地热田的地热水多为含偏硼酸的氟水、硅水。

2）小汤山地热田

小汤山地热田地热水总硬度含量为 180~218mg/L，偏硅酸含量为 22.90~59.79mg/L，偏硼酸含量基本保持小于 1mg/L，氟含量基本为 2.60~11.80mg/L，硫化氢浓度为 0.05~0.37mg/L，总铁含量多为 0.052~3.50mg/L，氡含量多为 2.01~5.04Bq/L。总体来说，该小汤山地热田的地热水为含偏硅酸的氟水或氟水、硅水。

3）后沙峪地热田

该地热田地热水的溶解固体总量多为446～1690mg/L；氟含量为1.45～6.00mg/L；偏硅酸浓度多为21.70～68.70mg/L；偏硼酸浓度多为4.60～14.00mg/L；硫化氢浓度为0.17～0.22mg/L；总铁浓度为0.04～4.60mg/L。总体上后沙峪地热田的地热水为含氟的地热水或含偏硅酸的氟水。

4）西北城区地热田

该地热田的地热水溶解固体总量为341～918mg/L；氟含量为1.05～7.64mg/L；偏硅酸浓度多为12.20～74.10mg/L；偏硼酸浓度多为0.40～1.20mg/L；硫化氢浓度多为0.05～0.54mg/L；总铁浓度多为0.04～1.14mg/L，氡含量为0.66～7.29Bq/L。地热田北部平西王府附近及地热田东南部的洼里附近多为氟水、硅水，地热田西南部的五路居—六里桥附近多为含偏硅酸的氟水。

5）天竺地热田

天竺地热田地热水溶解固体总量较大，从349～4000mg/L不等；总硬度含量较低，一般为50～200mg/L，偏硅酸含量为24.30～68.60mg/L，偏硼酸含量也由东部的5mg/L向西部猛涨至85mg/L，氟含量则为1.94～19.0mg/L，硫化氢含量为0.05～14.00mg/L，总铁含量为0.09～1.08mg/L，氡含量为0.45～2.96Bq/L。该区地热水化学性质在整个北京市平原区较为特殊，热水化学特殊组分含量较多，其中天竺镇附近及金盏周边为含偏硼酸、偏硅酸的氟水，金盏附近京热-105井化学类型比较复杂，为氟水、硫化氢水、钡水、硼水、硅水。该地热田西部地带水质类型复杂，京热-120井为含锂的氟水、硼水、硅水，京热-104井为含溴、锂的氟水、硼水、硅水，京热-155井为氟水、硫化氢水、硼水、硅水。

6）李遂地热田

李遂地热田地热水溶解固体总量为415～723mg/L，总硬度为76～131mg/L之间，偏硅酸含量为25.20～31.70mg/L，偏硼酸含量为0.52～4.60mg/L，氟含量为7.60～11.60mg/L，硫化氢含量为0.05～0.09mg/L；总铁含量为0.36～2.20mg/L；氡含量为0.46～3.87Bq/L。总的来说，该区域地热水多为含偏硅酸的氟水。

7）东南城区地热田

东南城区地热田地热水溶解固体总量从南苑地区京热-161井的559mg/L，逐渐顺北东方向向酒仙桥地区增加，至京热-107井已达到1440mg/L；总硬度方面体现出由南西向北东方向递减的规律，从南苑地区京热-161井的220mg/L，至京热-107井降为72mg/L；偏硅酸虽有波动但含量基本未变，而偏硼酸和氟含量则沿北东向逐渐增加；硫化氢的浓度多为0.05～4.10mg/L，总铁的浓度多为0.052～8.40mg/L，氡的浓度为0.256～40.1Bq/L。该地热田的地热水多为含偏硼酸、偏硅酸的氟水或含偏硅酸的氟水。

8）双桥地热田

双桥地热田地热水的溶解固体总量大致为356～596mg/L；双桥地热田中的亦庄地区近年来施工的地热井不多，现有的资料显示，该地区的偏硅酸含量为16.40～39.90mg/L，偏硼酸均小于5mg/L，氟含量为4.50～12.60mg/L，氡含量为1.65～3.05Bq/L。整体而言多为含偏硅酸的氟水、硫化氢水或含偏硅酸的氟水。

9) 良乡地热田

良乡地热田地热水溶解固体总量一般为 483~864mg/L，偏硅酸一般维持在 18.80~59.70mg/L，偏硼酸含量均小于 1mg/L，为 0.08~0.80mg/L，氟含量为 3.8~5.8mg/L，硫化氢含量为 0.05~0.33mg/L，总铁含量为 0.19~11.8mg/L，氡含量为 2.93~8.13Bq/L。该地热田的地热水多为含偏硅酸的氟水。

10) 凤河营地热田

该地热田地热水的溶解固体总量多为 446~1690mg/L；氟含量为 3.50~8.40mg/L；偏硅酸浓度多为 24.0~70.0mg/L；偏硼酸浓度多为 2.10~72.00mg/L；硫化氢浓度为 0.05~5.03mg/L；总铁浓度多为 0.04~2.0mg/L；氡含量为 2.13~2.49Bq/L。该区地热水多为含偏硅酸的氟水，有个别为氟水、硅水、硼水。

3. 工业利用可提取元素类型区划

根据热矿水矿物原料提取工业指标碘（I）、溴（Br）、铯（Cs）、锂（Li）、铷（Rb）和锗（Ge）（表 7-1），对样品及收集地热水质检测资料进行评价，均未达标，北京市利用地热水提取矿物原料前景不大。

表 7-1　热矿水矿物原料提取工业指标　　　　　　　　（单位：mg/L）

类型	碘（I）	溴（Br）	铯（Cs）	锂（Li）	铷（Rb）	锗（Ge）
工业指标	>20	>50	>80	>25	>200	>5

7.1.2　地热资源开发利用区划

7.1.2.1　地热资源开发利用方案区划

北京市地热资源开发利用方案区划基于温度等级区划及流体水化学特征区划，并结合以往的开发利用情况、地区经济发展状况，充分考虑梯级开发利用技术等确定其合理开发利用方向。结合地热资源温度区划和水化学区划，北京市地热资源开发利用的主要方向为地热供暖、旅游疗养、养殖、种植、工业利用等。其中，凤河营地热田由于温度较高，可供地热发电、采暖、洗浴、医疗、温室种植、养殖等（图 7-2）。

地热资源的开发利用，应以服务首都城市功能、实现宜居城市建设为目标，结合地热资源条件及地区经济发展的需求、地热资源温度区划等引导地热重点发展。

（1）地热资源供暖区：主要包括延庆县城地热供暖、北工大奥运项目地热供暖、昌平小汤山农业温室、丰台王佐地区住宅供暖、朝阳北苑地热供暖、大兴区南部的农业地热温室及其他适于供暖的区域。

（2）温泉旅游康乐项目：延庆地热生态区、小汤山休闲度假旅游区、郑各庄温泉休闲康乐区、南宫地热农业博览区及其他适于发展温泉旅游康乐的地区，积极发展现代农业、精品农业游览区域，创建地热（温泉）品牌，发展地热（温泉）产业。

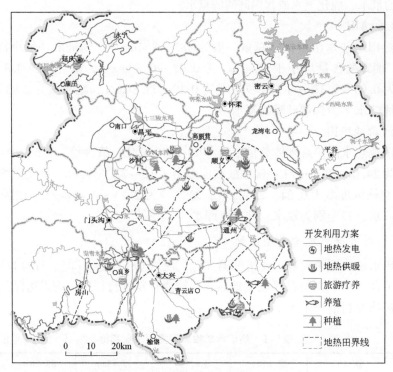

图 7-2　北京市地热资源开发利用方案区划

（3）新农村建设区：结合旧村改造，将地热资源条件较好、适于地热开发且有发展地热需求的乡镇（村庄），作为新农村建设地热重点开发区，搞好地热开发示范，引导和发展农村地区的地热综合利用与循环利用项目，如王佐、凤河营、北七家、永乐店、宋庄、马池口等乡镇。

7.1.2.2　地热资源开发利用潜力区划

根据各地热田主要热储的地热流体开采程度、地热流体热量潜力模数和最大水位降速三个指标来确定地热资源开发利用潜力，取三个指标中最不利者将其分为严重超采区、超采区、基本平衡区、具有一定开采潜力区、具有开采潜力区和极具开采潜力区六个区。

1. 地热流体热量开采系数法

采用地热流体热量开采系数指标来衡量地热资源开发利用潜力。公式为

$$C_E = \frac{E_k}{E_y} \times 100\% \qquad (7-1)$$

式中，C_E 为地热流体热量开采系数，%；E_k 为地热流体开采热量，kJ/a；E_y 为地热流体允许开采热量，kJ/a。

采用地热流体热量开采系数来划分六个区具体如表 7-2 所示。

表 7-2　热量开采系数分区表

分区	热量开采系数（C_E）
严重超采区	≥120%
超采区	100%～120%
基本平衡区	80%～100%
具有一定开采潜力区	60%～80%
具有开采潜力区	40%～60%
极具开采潜力区	<40%

　　按照地热流体开采系数法评价，东南城区地热田 C_E 值为 49.71%，为具有开采潜力区；小汤山地热田汤-1 井的 C_E 值为 97.04%，为基本平衡区，汤-2 井的 C_E 值为 40.40%，为具有开采潜力区；其他各评价区均为极具开采潜力区（表 7-3）。

表 7-3　热量开采系数评价表

评价分区	C_E/%	C_E 评价	评价分区	C_E/%	C_E 评价
城-1	49.71	具有开采潜力区	双-1	3.46	极具开采潜力区
城-2	38.81	极具开采潜力区	双-2	0.85	极具开采潜力区
后-1	0.73	极具开采潜力区	双-3	1.19	极具开采潜力区
后-2	37.85	极具开采潜力区	天-1	7.18	极具开采潜力区
后-3	0.68	极具开采潜力区	天-2	12.05	极具开采潜力区
后-4	13.35	极具开采潜力区	天-3	7.41	极具开采潜力区
李遂	11.72	极具开采潜力区	汤-1	97.04	基本平衡区
良-1	19.26	极具开采潜力区	汤-2	40.40	具有开采潜力区
良-2	20.00	极具开采潜力区	延-1	11.13	极具开采潜力区
良-3	2.92	极具开采潜力区	延-2	2.20	极具开采潜力区
良-4	0.00	极具开采潜力区	凤-O	0.00	极具开采潜力区
京西北-O	7.93	极具开采潜力区	凤-1	1.97	极具开采潜力区
京西北-2	10.01	极具开采潜力区	凤-2	0.00	极具开采潜力区
京西北-3	30.93	极具开采潜力区	凤-3	0.00	极具开采潜力区
京西北-4	11.35	极具开采潜力区			

2. 最大水位降速法

采用地热流体最大水位降速指标来衡量地热资源开发利用潜力，见表 7-4。

表 7-4　最大水位降速分区表

分区	X（最大水位降速）/（m/a）
严重超采区	$X \geq 4.0$
超采区	$2.0 \leq X < 4.0$

分区	X（最大水位降速）/（m/a）
基本平衡区	$1.0 \leqslant X < 2.0$
具有一定开采潜力区	$0.5 \leqslant X < 1.0$
具有开采潜力区	$0.2 \leqslant X < 0.5$
极具开采潜力区	$X < 0.2$

　　根据 3.5 节中关于地热流体动态的分析，东南城区雾迷山组京热-7 井自 1973 年来，累积下降 70.87m，平均水位降速为 1.86m/a，为基本平衡区；东南城区京热-26 井自 1979 年来累积下降 58.69m，平均水位降速为 1.89m/a，为基本平衡区；东南城区铁岭组京热-10 井自 1995 年来累积下降 21.81m，平均水位降速为 1.45m/a，为基本平衡区。小汤山地热田 TRG-1 井自 1985 年以来累积下降 33.66m，平均水位降速为 1.29m/a，为基本平衡区。李遂地热田 208-4 井自 1986 年以来累积下降 31.53m，平均水位降速为 1.26m/a，为基本平衡区。良乡地热田 B-4 井自 1999 年以来累积下降 25.78m，平均水位降速为 2.15m/a，为超采区。延庆地热田庆-2 井地热井自 1976 年以来累积下降 20.4m，平均水位降速为 0.54m/a，为具有一定开采潜力区。

　　由于天竺地热田、后沙峪地热田、西北城区地热田、双桥地热田及凤河营地热田没有水位长期观测井，结合其开采量、地质条件及其成井时水位资料，进行流体最大水位降速分析。其中天竺地热田自 1974 年以来平均水位降速为 1.75m/a，为基本平衡区。后沙峪地热田开采量较小，自 1999 年来平均水位降速为 1.59m/a，为基本平衡区。西北城区地热田自 2000 年以来平均水位降速为 1.86m/a，为基本平衡区。双桥地热田开采量相对较小，自 1999 年来平均水位降速为 1.65m/a，为基本平衡区。凤河营地热田由于仅有几口地热井，均为自流井，基本在 2010 年左右成井，故无法计算水位降速，但根据桐热-7 井资料，该井自 1974 年成井自流以来到 2013 年仍在自流，自流量为 600m³/d 左右，该区可视为具有开采潜力区（表 7-5）。

表 7-5　北京市水位降速法区划表

地热田	累积降深/m	平均水位降速/（m/a）	潜力区划
东南城区地热田（京热-7）	70.87	1.86	
东南城区地热田（京热-26）	58.69	1.89	基本平衡区
东南城区地热田（京热-10）	21.81	1.45	
小汤山地热田	33.66	1.29	基本平衡区
李遂地热田	31.53	1.26	基本平衡区
良乡地热田	25.78	2.15	超采区
延庆地热田	20.4	0.54	具有一定开采潜力区
天竺地热田		1.75	基本平衡区
后沙峪地热田		1.59	基本平衡区
西北城区地热田		1.86	基本平衡区

续表

地热田	累积降深/m	平均水位降速/(m/a)	潜力区划
双桥地热田		1.65	基本平衡区
凤河营地热田			具有开采潜力区

3. 地热流体热量潜力模数法

采用地热流体热量潜力模数指标来衡量地热资源开发利用潜力，地热流体热量潜力模数依据以下公式进行计算：

$$M = \frac{E_y - E_k + R}{A} \tag{7-2}$$

式中，M 为地热流体热量潜力模数，$kJ/(km^2 \cdot a)$；R 为地热流体热量补给量，kJ/a；E_y 为地热流体允许开采热量，kJ/a；E_k 为地热流体开采热量，kJ/a；A 为面积，km^2。

根据式（7-2），E_y 为北京市最大允许降深法的开采热量，E_k 为北京市实际地热流体开采热量。R 为地热流体热量补给量，结合北京市实际情况，东南城区地热田补给量占开采量系数取值 0.5，小汤山地热田补给量占开采量系数取值 0.375，其他地热田补给量占开采量系数取值 2/3，根据全国技术要求，把地热流体潜力模数分六级（表 7-6），根据式（7-2）计算得到北京市各计算分区的地热流体潜力模数，按照模数分级对北京市各评价区进行区划（表 7-7）。

表 7-6　北京市地热流体潜力模数分级表

分区	X（地热流体潜力模数）/$[10^9 kJ/(km^2 \cdot a)]$
严重超采区	$X < 1.0$
超采区	$1.0 \leq X < 3.0$
基本平衡区	$3.0 \leq X < 5.0$
具有一定开采潜力区	$5.0 \leq X < 10.0$
具有开采潜力区	$10.0 \leq X < 15.0$
极具开采潜力区	$X \geq 15.0$

表 7-7　北京市地热流体潜力模数分级区划表

评价分区	$E/[kJ/(km^2 \cdot a)]$	E 评价	评价分区	$E/[kJ/(km^2 \cdot a)]$	E 评价
城-1	6.29×10^9	具有一定开采潜力区	双-1	4.61×10^9	基本平衡区
城-2	5.32×10^9	具有一定开采潜力区	双-2	4.72×10^9	基本平衡区
后-1	5.10×10^9	具有一定开采潜力区	双-3	3.36×10^9	基本平衡区
后-2	7.42×10^8	严重超采区	天-1	3.61×10^9	基本平衡区
后-3	1.95×10^{10}	极具开采潜力区	天-2	9.85×10^9	具有开采潜力区
后-4	5.04×10^8	严重超采区	天-3	5.06×10^9	具有一定开采潜力区
李遂	4.72×10^9	基本平衡区	汤-1	1.61×10^9	超采区

评价分区	$E/[\,kJ/(km^2 \cdot a)\,]$	E 评价	评价分区	$E/[\,kJ/(km^2 \cdot a)\,]$	E 评价
良-1	5.25×10^9	具有一定开采潜力区	汤-2	7.51×10^9	具有一定开采潜力区
良-2	9.93×10^9	具有一定开采潜力区	延-1	6.64×10^9	具有一定开采潜力区
良-3	1.79×10^9	超采区	延-2	3.01×10^9	基本平衡区
良-4	1.47×10^9	超采区	凤-0	6.19×10^9	具有一定开采潜力区
京西北-0	9.51×10^9	具有一定开采潜力区	凤-1	6.85×10^9	具有一定开采潜力区
京西北-2	1.11×10^{10}	具有开采潜力区	凤-2	1.51×10^{10}	极具开采潜力区
京西北-3	2.20×10^9	超采区	凤-3	4.04×10^9	基本平衡区
京西北-4	8.66×10^9	具有一定开采潜力区			

据北京市地热流体潜力模数分级区划结果，评价区后-2区、后-4区为严重超采区，良热-3、良热-4、京西北-3、汤热-1为超采区，李遂地热田、双桥地热田、天-1、延-2、凤-3为基本平衡区，城区地热田、后-1、良-1、良-2、京西北-0、京西北-4、天-3、汤-2、延-1、凤-1为具有一定开采潜力区，京西北-2、天-2为具有开采潜力区，后-3、凤-2为极具开采潜力区。

4. 地热资源开发利用潜力综合区划

综合考虑地热流体开采热量系数法、最大水位降速法、地热流体潜力模数法三个指标，确定地热资源开发利用潜力，取三个指标中最不利者划分为严重超采区、超采区、基本平衡区、具有一定开采潜力区、具有开采潜力区和极具开采潜力区，六个区的面积分别为151.45km²、631.17km²、1341.16km²、101.11km²、302.72km²、14.62km²（表7-8）。

表7-8　地热资源开发利用潜力综合区划表

评价分区	综合区划	评价分区	综合区划
城-1	基本平衡区	京西北-2	基本平衡区
城-2	基本平衡区	京西北-3	超采区
后-1	基本平衡区	京西北-4	基本平衡区
后-2	严重超采区	双-1	基本平衡区
后-3	基本平衡区	双-2	基本平衡区
后-4	严重超采区	双-3	基本平衡区
李遂	基本平衡区	天-1	基本平衡区
良-1	超采区	天-2	基本平衡区
良-2	超采区	天-3	基本平衡区
良-3	超采区	汤-1	超采区
良-4	具有开采潜力区	汤-2	基本平衡区
京西北-0	基本平衡区	延-1	具有一定开采潜力区

续表

评价分区	综合区划	评价分区	综合区划
延-2	基本平衡区	凤-2	极具开采潜力区
凤-0	具有一定开采潜力区	凤-3	具有开采潜力区
凤-1	具有一定开采潜力区		

　　根据北京市地热资源开发利用潜力综合区划结果,北京市严重超采区为后-2、后-4,超采区为良-1、良-2、良-3、京西北-3、汤-1,基本平衡区为东南城区地热田、后-1、李遂地热田、双桥地热田、天竺地热田、京西北-2、京西北-4、汤-2、延-2,具有一定开采潜力区为延-1、凤-0、凤-1,具有开采潜力区为良-4、凤-3,极具开采潜力区为凤-2(图7-3)。

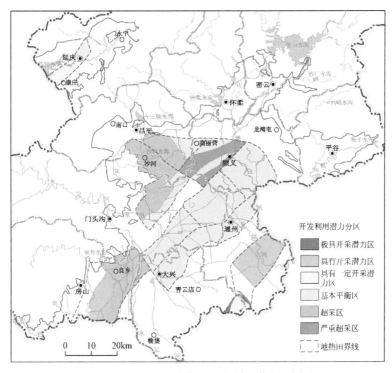

图 7-3　北京市地热资源开发利用潜力区划图

7.2　地热资源勘查与保护区划

　　在北京市地热资源开发利用区划的基础上,根据地热资源热量开采程度和勘探程度,结合地热资源的需求及经济发展水平,确定今后的勘探保护方向。勘探方向按勘探价值可分为无勘探价值地区、近期可勘探地区、未来 5 年可勘探地区和未来 20 年可勘探地区四个级别。

在地热田划分的基础上，依据开采程度、资源条件及地区经济发展的需要，将其划分为：限制开采区、控制开采区、鼓励开采区和其他地区（表 7-9）。

表 7-9　勘探价值分级标准

勘探价值分级	分级特征
无勘探价值地区	超采区和严重超采区或储量级别为 A 和 B 级的地区
近期可勘探地区	极具开采潜力区且储量级别为 C 和 D 级的地区
未来 5 年可勘探地区	极具开采潜力区且储量级别为 E 级的地区，具有开采潜力区和具有一定开采潜力区且储量级别为 C 和 D 级的地区
未来 20 年可勘探地区	有开发利用潜力且未进行储量论证的地区，具有开采潜力区和具有一定开采潜力区且储量级别为 E 级的地区

根据北京市地热资源开发利用潜力区划及北京市对地热资源的规划，北京市地热资源勘探价值分区如图 7-4 所示。

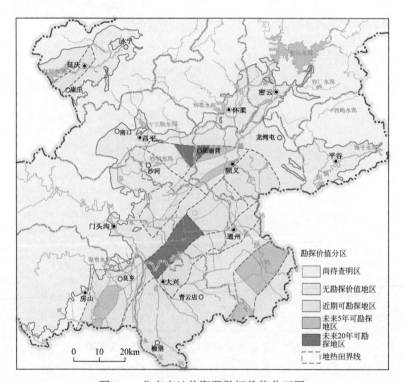

图 7-4　北京市地热资源勘探价值分区图

尚待查明区：总面积为 9842.72km²，主要为北京市山区部分，该地区多未进行地热资源勘查或研究程度较低，结合地区经济发展要求，可结合市场需要进行地热勘查评价。

无勘探价值地区：总面积为 4789.52km²，主要包括现有地热田的超采区和严重超采区，已查明的开发利用高风险区及北京市平原区地热田外其他地区。其中已有地热田评价区为严重超采区后-2、后-4，超采区良-1、良-2、良-3、京西北-3、汤-1 和其他非地热规划范围的地区。其他非地热规划范围的地区主要指山前低温区及平原区主要热储埋藏深度大于 3000m 的地区，前者因热储温度偏低，开采深度 3000m 以上地热水温度小于 50℃，地热资源开发利用不经济；后者因主要热储埋藏深度大，渗透性差，这些地区地热资源勘查开发风险较大，是北京市主要的无勘探价值地区，可结合市场需要进行地热勘查评价。

开采高风险区：总面积共 252.08km²，该区域南部边界为东南城区地热田及天竺地热田的北部边界，东部边界为后沙峪地热田的西部边界，北部边界为西北城区地热田的南部边界，此外还包括天竺地热田的西北部及后沙峪地热田的东南部地区，这些地区已进行地热资源勘探，其开采风险较高，建议审慎利用。

近期可勘探地区：总面积为 1052.51km²，主要对延庆地热田、京西北地热田、天竺地热田、双桥地热田、李遂地热田等局部地区进行重点勘查评价，要在总结已有勘查开采资料的基础上，适当补做少量深部（3500m 深度以内）地球物理勘探，基本查明主要热储的开发利用条件，对地热资源进行总体评价，结合地区发展需要，制定地热资源开发利用规划。

未来 5 年可勘探地区：总面积为 401.44km²，对后沙峪地热田、凤河营地热田和良乡地热田南部地区，安排适当的地热资源勘查，要结合市场需要进行局部地区勘查，逐步积累资料，待基本具备资源总体评价条件后，再进行总体勘查评价。

未来 20 年可勘探地区：总面积为 258.50km²，对东南城区、小汤山、良乡镇附近等地热集中开采区，重点开展热储工程研究，主要是补充新的地热钻井资料，完善地理信息系统，建立地热地质模型与开采管理模型，进行地热采灌均衡试验研究；建立地热动态自动监测系统，对地热资源开发利用进行动态管理与预测预报。

结合地热资源开发利用潜力情况把北京市地热资源保护区分为：限制开采区、控制开采区、鼓励开采区和其他地区（表 7-10）。

表 7-10　地热资源开采潜力与地热资源保护分区

地热资源保护分区	地热资源开采潜力分区
限制开采区	严重超采区、超采区和基本平衡区
控制开采区	具有一定开采潜力区、具有开采潜力区
鼓励开采区	极具开采潜力区
其他地区	地热田以外的其他地区

在地热田划分的基础上，依据开采程度、资源条件及地区经济发展的需要，将其划分为：限制开采区、控制开采区、鼓励开采区和其他地区，其面积分别为 378.65km²、562.88km²、1612.07km²、3722.31km²（图 7-5）。

限制开采区：目前地热开采较为集中的地区（包括地热井边界外侧 2km 所控制的地区）。区内井群密度已大于 1 眼/10km²，地热水水位下降明显，包括：东南城区热田、良乡地热田的良乡镇-南宫地区、小汤山地热田中心地区等地热集中开采的地区，面积共为 378.65km²。区内原则上不再增大开采量，只允许增加回灌井及允许调整的更新井，应逐步增大回灌量、减少开采量，以缓解地热水位下降速度。

控制开采区：目前地热资源开发已形成一定规模，开采井密度大于 1 眼/100km² 而小于 1 眼/10km²，总面积为 562.88km²，主要包括延庆、后沙峪、京西北、李遂地热田及小汤山地热田外围地区。区内可适当增加开采井，但应限制开采规模，控制开采总量，新增地热井主要为采、灌结合的开采井或回灌井。

鼓励开采区：目前尚未开发或开采井密度小于 1 眼/100km² 的地区，总面积共为 1612.07km²，包括良乡热田南部、延庆热田西南康庄地区、凤河营地热田等。区内目前基本为地热资源开发的空白区，地热资源开发有一定的风险，应有一定的地质勘查投入，鼓励进行地热资源的勘查与开发。

其他地区：指 10 个地热田以外的地区，共 3722.31km²，包括山前地带、丰台至来广营一带及永定河以东六环路以南的地区。这些地区热储埋藏深度均大于 3000m 或者水温小于 50℃，地热勘查风险较大，不列入近期地热开发利用规划的范围，允许进行地热资源方面的风险勘查与开发利用研究。

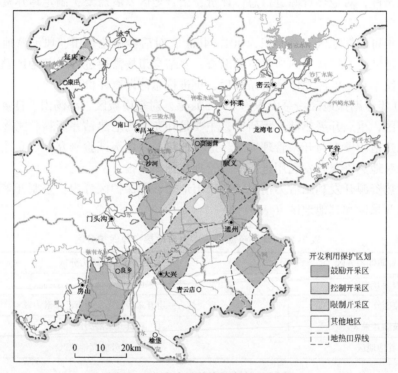

图 7-5　北京市地热资源保护区划图

根据北京地热资源保护区划建议，小汤山地区整体处于限制开采区，原则上不再增大开采量，只允许增加回灌井及允许调整的更新井，应逐步增大回灌量、减少开采量，以缓解地热水位下降速度。而小汤山地热田的地热回灌始于 2001 年冬，当时只在御汤泉会议中心的一对井上实施，汤热-38 井开采地热水用于供暖后，向汤热-11 井回灌。此后，地热回灌逐年扩大，用户单位和井数增加，回灌量大大增加。从 2001 年和 2002 年的一对井地热回灌起步，2003 年冬增为 2 对 4 眼井，2004 年冬增为 7 对 16 眼井，到 2015 年已有 11 眼回灌井。目前小汤山地热田的回灌量达 238.01×10⁴m³/a，回灌比例达到 58.9%。根据小汤山地区回灌井测温曲线测量结果，该区地热井温度有下降趋势。根据小汤山地热田 TRG-1 井自 1985 年以来的水位动态观测资料，小汤山地热田地热水位累积下降 33.66m，平均水位降速为 1.29m/a。根据小汤山地区 57 年的水质观测资料，地热田北界局部冷水的补给更明显；但地热田南部明显表现出了代表热源补给增长的钠钾毫克当量百分数和地球化学温标温度的增长趋势，整体而言小汤山地热田冷、热补给接近平衡，在维持现状的条件下可以保证地热田的可持续开发利用。综上所述，小汤山地热田适于在维持现状开采条件下适当增加回灌量以达到动态均衡状态，而不影响地热井温度，即小汤山地热田的回灌比例保持在 40%~60% 为最佳状态。

　　根据北京地热资源保护区划建议，延庆地热田整体属于鼓励开发区。延庆于 2011 年正式获得国家能源局、农业部、财政部三部局联合授牌"国家绿色能源示范县"。《关于北京市进一步促进地热能开发及热泵系统利用的实施意见》明确重点推进北京新机场、采育新能源汽车基地和延庆新城等利用深层地热供暖工作。《北京市城市总体规划（2004—2020）》提出北京新机场、延庆清洁能源示范县、中关村科技园区电子城北扩区、CBD 东扩区等几个功能区的地热、浅层地温能资源进行开发利用。《北京市地热能开发利用规划》中指出延庆地热田地热供暖面积达 $31×10^4 m^3/a$，推动重点延庆清洁能源示范县的建设。《延庆新城规划 2005—2020》指出延庆北部地区以地热采暖为主，推动地热资源的综合利用。《延庆新城 01 街区 YQ00-0001-0001 等 6 个地块控制性详细规划》指出在生物质能、地热资源方面应继续加强技术引进与合作，合理开发地热资源，并实行和扩大技术在本地的示范和应用。由此可见，延庆地区地热资源已经引起区、市政府的高度重视，而合理开发利用延庆地热资源已经作为重要议事日程。目前，延庆地热资源开发利用急速发展，地热资源开采量自 1991 年的 $9.1×10^4 m^3/a$ 增加到 2013 年的 $90.9×10^4 m^3/a$；庆-2 地热井自 1976 年以来观测到地热水位累积下降 20.4m，平均水位降速为 0.54m/a；延庆地热田仅有少数几个地热井时的水质观测点，尚未有长期综合观测井；地热资源回灌起步较晚，但截至 2013 年地热资源回灌量达 $85.21×10^4 m^3/a$，回灌比例达 89.04%，基本达到采灌平衡，且在使用过程中尚未观测到水温降低的情况。综上所述，延庆地热资源潜力巨大，开发利用地热资源对建立市场化的优质能源体系，完成节能减排指标，实现社会经济可持续发展，建设节能型城市，具有重要意义。同时延庆地热资源的开发利用，逐步形成地热产业和温泉品牌，带动了延庆地勘业、旅游业服务业和房地产业的发展，有效改善居住环境，提高人民生活质量，提供了就业岗位，其经济社会效益显著，而且科学开发利用地热资源对构建和谐社会和完成节能减排的目标可起到十分重要的作用。为科学合理利用延庆地区地热资源，应该：①加强地热资源勘查开发利用科技攻关。地热资源勘查开发主要以商业性市场为推动，勘查深度和技术方法有很大局限性，基本以低温地热资源开发利用（<90℃）为主。与中低温地热资源相比，中高温地热资源"热品位"更高，热能利用效率更高，可实现的利用途径更多；从热能总量来说，越深部增温更快，地热资源总量更大。因此，需开展延庆中高温地热资源形成赋存条件与有利区优选研究，利用新的地热找矿思路，深入研究中高温地热系统类型、形成机理、赋存条件，评价中高温地热资源潜力并优选有利区，为加强地热资源管理、实现北京市科学、合理、高效开发利用地热资源提供理论基础。②建立健全监测体系。目前的地热资源监测体系的监测内容主要包括热储工程的

各项参数，针对地热水位动态、地热水温度、地热水质动态、地热开采动态、地热回灌动态监测以及仪器设备维护和重点监测研究。为了更好地为延庆地热能开发利用提供相关技术依据，需设置专门的地热监测体系。③统筹规划、优化布局，加强规划实施管理。统筹规划延庆地热资源的综合开发利用，优化发展布局，实现合理的"采灌结合"，保障地热资源可持续利用。

7.3　地热资源合理开发利用建议

7.3.1　确定合理的开采布局

目前北京市地热资源开发利用主要集中在十个地热田之中，其中小汤山地热田、东南城区地热田、良乡地热田和李遂地热田研究程度和开发利用历史比较久远。地热资源的集中开采造成这些地区地热水位下降趋势明显，有些地热田地热温度也稍有下降趋势，为合理开发利用地热资源，应根据地热资源分布、单井开采量及影响半径等合理规划地热井布局，合理布置开采井数量，达到地热资源的合理布局，合理利用。

7.3.2　提高地热利用率

地热利用率主要取决于地热尾水排放温度，尾水排放温度越低，地热利用率就越高，但受经济、工艺技术条件、使用方式及开发利用用途的限制，地热尾水排放温度不可能太低。因此，为了提高地热利用率，除了采用较先进的工艺及技术设备外，梯级开发、综合利用也是提高地热利用率较有效的方法。

1. 降低地热排水温度

目前直接利用地热能的是供暖、洗浴，主要是通过降低热水温度来获得热量。从提高地热利用率的角度考虑，供暖排水温度越低，提取地热能就越多。但是降低地热排水温度的前提条件是必须加大终端散热设备容量，这样必然会导致用户终端散热（器）设备的初投资增加，从而导致整个地热供暖系统成本的增加。所以，地热供暖最低排水温度是有限制的，需要根据技术经济分析确定。

2. 采用梯级利用

根据地热田所处位置、周边地区对地热水的需求等，实现地热梯级利用，提高热利用率。如果是在城郊或农村，可以利用地热尾水进行水产养殖、种植等；还可以为用户提供生活热水，建设洗浴中心，开展疗养、水上娱乐等项目，对地热进行综合利用。

7.3.3　鼓励地热开发向梯级利用、规模化发展

地热资源属可再生清洁能源，具有补给、运移和开采的循环方式，若开采量大于补给

量，就不能保证地热资源利用的可持续性。北京市地热开发，都以各机关单位为一个开发单位，自己开发自己使用，并且使用方法单一，一般都只有一种使用方法，梯级利用率低；大部分使用地热供暖的单位，没有进行地热回灌，造成了资源的严重浪费。

合理开发地热资源，合理利用地热能，对于已有的地热井应进行综合梯级利用，对今后新的地热勘查项目，应该尽可能实施梯级利用和规模化发展，以最大限度节约地热资源。

7.3.4　利用政策引导，推动地热资源的勘查开发

地热资源的利用包括温泉洗浴、保健康乐、温泉旅游、地热温室大棚、地热养殖以及地热观光园等，为城镇居民提供了休闲娱乐的好去处。在已探明地热区的外围或边缘地带，地热条件相对差，热储层埋藏深度大，开发的成本较在已知地热田内要高，应采取措施，鼓励这些地区地热资源勘查，以拓展北京市地热利用的范围，取得更好的经济、社会和环境效益。

主要参考文献

北京市地质调查研究院. 2016. 北京区域地质志 [R].

北京市地质矿产勘查开发局, 北京市地热研究院. 2010. 北京地热 [R].

北京市国土资源局. 2006. 北京市地热资源 2006—2020 可持续利用规划 [R].

北京市水文地质工程地质公司. 1983. 北京泉志 [R].

郭旭东, 严富华, 黄秀铭. 1995. 北京西山新构造运动的分期 [J]. 现代地质, 9 (1): 51-59.

黄秀铭, 汪良谋, 徐杰, 等. 1991. 北京地区新构造运动特征 [J]. 地震地质, 13 (1): 43-51.

李娟. 2008. 地下热水中 D、^{18}O、^{34}S 和 ^{13}C 稳定同位素特征研究 [D]. 北京: 中国地质大学.

刘东生, 陈正明, 罗可文. 1987. 桂林地区大气降水的氢氧同位素研究 [J]. 中国岩溶, 6 (8): 225-231.

刘久荣. 2003. 地热回灌的发展现状 [J]. 水文地质工程地质, (3): 100-104.

吕金波, 车用太, 王继明, 等. 2006. 京北地区热水水文地球化学特征与地热系统的成因模式 [J]. 地震地质, 28 (3): 419-429.

潘小平, 王治. 1999. 小汤山地热田热水地球化学特征 [J]. 北京地质, (4): 7-15.

孙占学, 李学礼, 史维浚. 1992. 江西中低温热水的同位素水文地球化学 [J]. 华东地质学院学报, 15 (3): 243-248.

文东光. 2002. 用环境同位素论区域地下水资源属性 [J]. 地球科学——中国地质大学学报, 27 (2): 141-147.

温煜华, 王乃昂, 朱锡芬, 等. 2010. 甘肃武山地热田水化学与地热水起源 [J]. 自然资源学报, 25 (7): 1186-1193.

肖骑彬, 梁光河, 徐兴旺, 等. 2006. 北京二十里长山-平谷盆地 MT 测量与地层含水性研究 [J]. 地质科技情报, 25 (1): 89-94.

杨湘奎. 2008. 基于同位素技术的松嫩平原地下水补给及更新性研究 [D]. 北京: 中国地质大学.

尹观, 倪师军, 张其春. 2001. 氘过量参数及其水文地质学意义 [J]. 成都理工大学学报, 7 (3): 251-254.

张保建, 徐军祥, 马振民, 等. 2010. 运用 H、O 同位素资料分析地下热水的补给来源——以鲁西北阳谷-齐河凸起为例 [J]. 地质通报, 29 (4): 603-609.

张理刚, 陈振胜, 刘敬秀, 等. 1995. 水—岩交换体系氢同位素动力分馏 [J]. 矿物岩石地球化学通讯, (1): 3-6.

郑淑蕙, 侯发高, 倪葆龄. 1983. 我国大气降水的氢氧稳定同位素研究 [J]. 科学通报, 28 (13): 801-806.

中国地质调查局, 2012. 全国地热资源现状评价与区划技术要求 [S].

中华人民共和国地质矿产部, 1986. 地热资源评价方法 (DZ 40—85) [S].

中华人民共和国国家质量监督检验检疫总局, 2010. 地热资源地质勘查规范 (GB/T 11615—2010).

朱家玲, 王坤, 王东升. 2008. 环境同位素在研究地热资源形成过程中的应用 [J]. 太阳能学报, 29 (3): 263-266.

朱命和, 付中, 刘彦兵. 2005. 应用地球化学方法讨论开封地热田地下热水的补给来源 [J]. 物探与化探, 29 (6): 493-496.

Axelsson G. 2008. Importance of geothermal reinjection [C]. Presented at the Workshop for Decision Makers on Direct Heating Use of Geothermal Resources in Asia, organized by UNU-GTP, TBLRREM and TBGMED, in Tianjin, China, 11-18 May, 2008: 168-183.

Dansgaard W. 1964. Stable isotopes in precipitation [J]. Tellus, 16 (4): 436-468.

Laplaige P, Jaudin F, Desplan A, et al. 2000. The French geothermal experience review and perspectives [C]. Proceedings of the World Geothermal Congress 2000, Kyushu-Tohoku, Japan: 283-295.

Malate R C M, Sullivan M J O. 1991. Modelling of chemical ane thermal changes in well PN-26 Palinpinon geothermal field, Philippines [J]. Geothermics, 20: 291-318.

Stefansson V. 1997. Geothermal reinjection experience [J]. Geothermics, 26: 99-130.

附录 A 典型地热泉

按照国际惯例和我国地热资源勘查规范的标准，地热温度大于25℃，被划分为低温、中温和高温三个部分。低温地热：温度为25～90℃，以热水型为主，主要用于温泉洗浴、住宅供暖、农业温室种植与养殖、工业烘干等方面。中温地热：温度为90～150℃，可直接向生产工艺过程加热，用于各类原材料和产品烘干、食品和食糖精制、石油精炼、重水生产、制冷和空调等方面。高温地热：温度大于150℃，以蒸汽型地热为主，主要用于高温发电等。

北京市范围内水温大于18℃的泉水有50处，其中大于25℃的有7处，分别为昌平小汤山温泉、延庆佛峪口温泉、海淀温泉村温泉、密云古北口温泉、密云北碱厂温泉、延庆汉家川温泉、怀柔塘泉沟（帽儿山）温泉。目前只有处于山区的佛峪口温泉、古北口温泉、北碱厂温泉、塘泉沟温泉依然存在，温泉水温基本上无大变化，其余温泉已经先后干涸。

1. 温泉村温泉

该泉位于北京市海淀区温泉村海淀寄读学校（原北京市工读学校）内（图A-1）。南依显龟山，距离山体约为200m，北临平原，出露于上伏第四系沉积物的燕山期花岗岩与奥陶系灰岩接触地带，为深层地下水向平原区运移受阻沿奥陶系灰岩与花岗岩接触带上升而出露成泉，自第四系沉积物中涌出。1957年水温为35℃，流量为2.5L/s，20世纪50年代后期断流，泉眼东北侧约100m处打有一口300m深的热水井，水温为37℃。

图 A-1 温泉村温泉（2013年）

2. 小汤山温泉

该泉位于北京市城北约28km的昌平区小汤山镇疗养院内。出露于第四系与灰岩接触带，早期有天然出露的温泉11处，水温为21.5～50.0℃，最高泉水温度见于小汤山温泉疗养院内的西泉和东泉，分别为 50℃ 和 42℃，两泉相距 8.5m。泉池为清代康熙五年（1666 年）修建，泉池为六角形，东泉标高约 41m，泉水自第四系盖层中涌出，1959 年最高水温为 50℃，流量为 4.4L/s，泉水皆为无色、微具硫化氢气味、透明的水，泉水中具有气泡溢出（图 A-2）。当时 pH 一般为 6.9～8.4，而以 7.5 者居多，泉水矿化度为 303～471mg/L，氟含量均高于 2.5mg/L，疗养价值较高。以东西泉最为明显，其中 NO_2 气最多，其次为 O_2，同时也有少量 CO_2、H_2 和 CH_4 等气体。此外，泉水中还含微量锶、钡、硼、碘及放射性元素镭、氡。该泉历史悠久，为全国四大温泉之一（图 A-3）。1974 年流量渐减，20 世纪 80 年代中期断流，现在小汤山疗养院及附近单位所需热水全部靠打井获得，实测泉池附近热水井出水温度为 52℃。1975 年疗养院凿一个 76.5m 深的热水井，压力水头高于地表 9.35m，溢流量 1000m³/d，为增大水量利用泵取，出水量达 2600～3000m³/d。

图 A-2 乾隆为小汤山温泉御笔

(a)　　　　　　　　　　　　(b)

图 A-3 小汤山东泉和西泉（a）及小汤山温泉清代泉口遗址（b）

钻探资料表明，小汤山地区第四系盖层以下蓟县系白云岩中赋存较为丰富的地热水，也是地表温泉之源头。承压水头高出地表 2～10m，一部分地热水在上升至地表的过程中与第四系承压水、潜水混合，使其水化学类型均有所变化。另一部分地热水通过第四系深部含水层向下游排泄。

小汤山地区是北京市平原区的一个小型地热盆地，该盆地受多次构造影响，尤其是受到中生代燕山运动作用，使蓟县系地层受北东方向的断裂所控制，形成北东东向的断裂潜山构造带，构造裂隙岩溶发育，有的断裂达到地球热源部位，此断裂潜山构造带在小汤山西南的百善村附近被北西向的南口-孙河断裂横切。小汤山北部和东北部为山区，出露较大面积的白云岩，它与隐伏在小汤山以下的同时代白云岩为一整体。山区裸露的白云岩接受降水的入渗补给，使其裂隙、溶洞和断裂中赋存地下水并产生径流，流向南部较低的地区，其中部分地下水通过较深的断裂并受地球热源的影响形成地热水，通过对流作用将深部的热量带至浅部，由于西南部青白口系相对隔水岩层的阻挡，地下热水水位升高并通过裂隙、断裂与溶洞直接出露地表形成温泉。

3. 塘泉沟温泉

该泉位于怀柔区喇叭沟门乡帽山村塘池子（图 A-4），为燕山期二长花岗岩中裂隙水。现与冷泉处同一池塘中，致温泉水温下降，水量不易测出。据《北京泉志》记载，该泉出水高程 615m，为上升泉。2013 年 11 月 6 日考察时采集的水样分析结果如表 A-1 所示。

(a)　　　　　　　　　　　　　　　　(b)

图 A-4　塘泉沟温泉

(a) 2003 年；(b) 2013 年

表 A-1　塘泉沟温泉化学成分　　　　　　　（单位：mg/L）

t_s	pH	TDS	Na^+	K^+	Ca^{2+}	Mg^{2+}
na	8.04	332	77.9	1.24	18.0	0.7
Li	Rb	Sr	NH_4^+	CO_3^{2-}	HCO_3^-	SO_4^{2-}
0.042	na	0.273	0.05	6.0	85.4	72.0
Cl^-	F^-	CO_2	H_2SiO_3	HBO_2	$HAsO_3$	化学类型
14.1	16.6	0.0	51.2	0.64	<0.002	$HCO_3 \cdot SO_4 - Na$

注：表中 t_s 表示取样温度；TDS 为溶解固体总量；na 表示未分析或数据缺失。下同。

1980 年实地调查时出水温度为 29℃，出水流量为 432.0m³/d，2013 年泉面面积减小至原来的 1/10，流量大幅降低，约为 0.75m³/h，水流速度较缓，肉眼不见活动。

4. 古北口温泉

该泉位于北京市密云东北与河北省交界的古北口司马台长城与龙潭沟相交的河谷右侧（河北境内称太子泉）（图 A-5）。泉水出露于蓟县系硅质白云岩构造破碎带，受近东西向断裂构造的控制，泉水温度为 37.0℃。泉水无色透明。泉水分散流出，河北省境内比较集中，主泉口为太子泉，汇集流量约为 224.64m³/d，建有浴池；北京市境内泉水分散出露于长城脚下的龙潭沟右岸。出露特征为古北口推覆断裂带中岩溶裂隙水，属上升泉。断裂带走向为北西西向，倾向为北向，倾角很陡，在司马台一带断裂宽度超过 1km，带内岩石主要为碎裂泥晶白云岩及泥质白云岩。下盘为侏罗系土城子组，上盘为球斑状花岗岩及长城系串岭沟组和团山子组。温泉赋存于碎裂的串岭沟组和团山子组。2013 年 7 月 9 日考察时采集的水样分析结果如表 A-2 所示。目前主要供司马台温泉旅游度假村洗浴疗养使用，流量约为 8.33m³/h。

图 A-5　古北口温泉

表 A-2　古北口温泉化学成分

t_s	pH	TDS	Na⁺	K⁺	Ca²⁺	Mg²⁺
na	7.64	395	9.72	3.53	50.1	26.7
Li	Rb	Sr	NH₄⁺	CO₃²⁻	HCO₃⁻	SO₄²⁻
na	na	na	na	na	287	13.3
Cl⁻	F⁻	CO₂	H₂SiO₃	HBO₂	HAsO₃	化学类型
3.1	1.4	na	32.5	na	na	HCO₃–Ca·Mg

5. 北碱厂温泉

该泉位于北京市密云区北碱厂村东南。方圆 30m 范围内出露 2 处温泉，2002 年《北京市密云县古北口—碱厂地区地热资源调查》第一次记载了密云碱厂地区有温泉出露。该泉水质碱性、微咸、不能饮用。出口水温为 20.5~24.0℃，涌水量为 30.15~68.6m³/d，水质为氟-硅酸-硫酸-钠型水，泉水呈股流状、气泡型涌出，碱厂温泉为深循环的地下热水，遇断裂受阻后以承压水形式沿构造裂隙带上升形成。2013 年 9 月 6 日考察时采集的水样分析结果如表 A-3 所示。

表 A-3　北碱厂温泉化学成分

t_s	pH	TDS	Na^+	K^+	Ca^{2+}	Mg^{2+}
20	7.78	1186	283	7.59	66.1	4.9
Li	Rb	Sr	NH_4^+	CO_3^{2-}	HCO_3^-	SO_4^{2-}
0.229	na	3.89	<0.02	0.0	108.6	586
Cl^-	F^-	CO_2	H_2SiO_3	HBO_2	$HAsO_3$	化学类型
77.0	6.95	6.6	56.8	2.10	0.018	SO_4-Na

　　据调查，村民在此挖一长 4.5m，宽 2.0m，深 3m 的大口井，井中均为淤泥质黏土，因水量太大，未能挖至基岩，现已被乱石充填，因此所测涌水量偏小，此泉被填之前涌水量大于 1200m³/d。2013 年实地调查时，该泉流量降低到约为 10m³/d，水温目前仅为 20℃（图 A-6，图 A-7）。

图 A-6　北碱厂温泉（2002 年）

图 A-7　北碱厂温泉（2013 年）

6. 汉家川温泉

　　该泉位于延庆区大庄科乡汉家川河南村南 300m，为侵入体中构造裂隙水。该泉南部有一逆断层，走向为北西向 280°左右，倾向为南西向，倾角为 70°左右。上盘为花岗闪长岩，

下盘为石英二长岩及二长闪长岩等，温泉从下盘二长闪长岩的次级裂隙中溢出。裂隙走向为
$50°\sim230°$，倾角直立。2003 年 4 月 18 日考察时采集的水样分析结果如表 A-4 所示。

表 A-4　汉家川温泉化学成分

t_s	pH	TDS	Na^+	K^+	Ca^{2+}	Mg^{2+}
30	8.6	343	88.6	1.2	22.0	0.6
Li	Rb	Sr	NH_4^+	CO_3^{2-}	HCO_3^-	SO_4^{2-}
na	na	na	na	na	29.3	1.6
Cl^-	F^-	CO_2	H_2SiO_3	HBO_2	$HAsO_3$	化学类型
16.3	5.6	na	36.4	na	na	SO_4-Na

开发利用：据《地质矿产志》记载，该泉出水温度为 29.0℃，出水流量每天有几百
立方米。2003 年 4 月 18 日勘查，该泉出水温度为 30℃，出水量为 97.98m^3/d。此泉已于
2012 年 7~8 月份干涸（图 A-8）。

(a)　　　　　　　　　　　　　　　　　(b)

图 A-8　北碱厂温泉

（a）2003 年；（b）2013 年

7. 佛峪口温泉

该泉又名松山温泉，位于北京市延庆区松山森林公园内。泉口处于燕山期晚期花岗岩
组成的山间谷地上，东部、北部和西部为松山林场，森林覆盖率高达 90% 以上，以中山地
形为主。泉口海拔约为 749m，泉眼紧靠山边，泉水从一石雕兽口中缓缓流出，温泉出露
于燕山期花岗岩山体半山腰，温泉流量不大，约有 0.11L/s，实测水温为 38℃，现用于地
震局观测。据《北京泉志》记载，该泉出水量为 25.92m^3/d，出水温度为 42℃（1979 年 8 月
27 日）。该泉为二长花岗岩中裂隙水，温泉西侧有胡家营-塘子庙压扭性断裂，走向为北
东向 20°，温泉从次级构造裂隙中溢出，次级构造走向主要为北东向 60°。

该泉泉口附近的花岗岩发育有走向为北东向 30°和北东向 55°~65°两组裂隙，温泉从
后一组裂隙中流出。在温泉东部附近的花岗岩岩体中有一北北东向的断裂带，该带向西南
延伸至山口后隐伏于山前第四系下。此断裂带的深度接近于深部热源并接受裂隙水的入渗
成为充水断裂，在深部热源影响下形成地热水，由于水的热对流作用将下部的热量带至上
部，可能还与其他断裂及泉口附近的裂隙相通并与上述北北东向断裂带相交，于是地下水

从裂隙中再通过地势较低的"龙口"溢出形成温泉（图 A-9）。2013 年 6 月 7 日考察时采集的水样分析结果如表 A-5 所示。

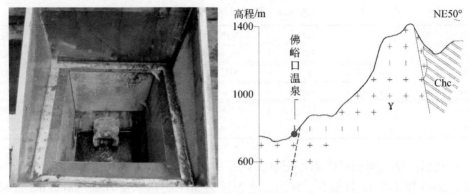

图 A-9　佛峪口温泉及周边地热井

表 A-5　佛峪口温泉化学成分

t_s	pH	TDS	Na^+	K^+	Ca^{2+}	Mg^{2+}
36	8.34	524	141	2.85	14.0	2.4
Li	Rb	Sr	NH_4^+	CO_3^{2-}	HCO_3^-	SO_4^{2-}
0.110	na	0.452	<0.02	6.0	61.0	198
Cl^-	F^-	CO_2	H_2SiO_3	HBO_2	$HAsO_3$	化学类型
44.8	14.7	0.0	45.9	0.44	<0.002	SO_4–Na

1995 年在泉眼东南侧打一钻井，可自流热水，流量约为 6.98L/s，实测水温为 45℃。热水主要供应宾馆和浴池洗浴。根据 2013 年调查资料，该泉目前流量 0.396 为 L/s，实测水温为 36℃。

附录 B 典型地热井

地热井指在具有地热资源赋存条件的地区，通过人工机械钻井的方式，形成的在地下一定深度和目标热储地层中提取地热矿水的井孔。地热井的基本要素：井深、井径、井管、热储层、出水量和出口温度。

1. 朝阳 60 号地热井

位置：位于北京市朝阳区东三环潘家园桥东、武胜路西侧松榆花园院内。

井深：1600.38m。

孔径：0.152m。

井口温度：53℃。

热储层特征：岩性为蓟县系雾迷山组（Jxw）燧石条带白云岩，热储层（裸眼）厚度为 559.38m，顶板埋深为 1041m，底界埋深为 1600.38m，静止水位为 61.08m，热储层岩石密度为 2788kg/m³，岩石比热容为 0.921J/（kg·℃），孔隙率为 0.007。

水化学成分：2001 年 3 月 21 日考察时采集的水样分析结果如表 B-1 所示。

表 B-1 朝阳 60 号地热井化学成分

t_s	pH	TDS	Na^+	K^+	Ca^{2+}	Mg^{2+}
53	7.62	586	85.6	9.09	44.7	21.3
Li	Rb	Cs	NH_4^+	CO_3^{2-}	HCO_3^-	SO_4^{2-}
0.207	na	na	na	0.0	256	107
Cl^-	F^-	CO_2	H_2SiO_3	HBO_2	$HAsO_3$	化学类型
55.9	5.3	na	81.4	na	na	HCO_3-Na·Ga

开发利用：主要用于供暖和洗浴等。地热水中氟、偏硅酸、硼酸含量均超过医疗热矿水命名的标准浓度，此外，还含有锌、锂、锰、溴等有益元素，可用于医疗、洗浴、康复等方面。

2. 朝阳 136 号地热井

位置：位于北京市朝阳区朝阳公园南路世纪朝阳房地产开发有限公司内。

井深：1500.68m。

孔径：0.152m。

井口温度：49℃。

热储层特征：岩性为蓟县系雾迷山组（Jxw）燧石条带白云岩，热储层（裸眼）厚度为 657.68m，顶板埋深为 843m，底界埋深为 1500.68m，静止水位为 63.3m，热储层岩石密度为 2788kg/m³，岩石比热容为 0.921J/（kg·℃），孔隙率为 0.005，渗透系数为 0.134m/d。

水化学成分：2003 年 3 月 21 日考察时采集的水样分析结果如表 B-2 所示。

表 B-2　朝阳 136 号地热井化学成分

t_s	pH	TDS	Na⁺	K⁺	Ca²⁺	Mg²⁺
49	7.8	679	118	10.6	45.1	20.0
Li	Rb	Sr	NH₄⁺	CO₃²⁻	HCO₃⁻	SO₄²⁻
0.335	na	na	0.16	0.0	299	39.0
Cl⁻	F⁻	CO₂	H₂SiO₃	HBO₂	HAsO₃	化学类型
67.7	5.1	na	na	na	na	HCO₃-Na

开发利用：偏硅酸含量为 36.5mg/L，氟含量为 5.1mg/L，均达到医疗热矿水命名浓度，可命名为"氟水"。此外，地热水中还含有片硼酸、锂、锌等对人体健康有益的微量成分，地热水可作为医疗矿水开发利用。

3. 朝阳 169 号地热井

位置：位于北京市朝阳区东北部金盏乡北侧，北邻机场高速公路，东靠温榆河与首都机场隔河相望。

井深：2416.98m。

孔径：0.152m。

井口温度：36℃。

热储层特征：蓟县系雾迷山组燧石条带白云岩为该区主要的热储层位，热储层最高温度为 69.4℃，实测增温率为 1.40℃/100m。热储层（裸眼）厚度为 815.98m，顶板埋深为 1601m，底界埋深为 2416.98m，静止水位为 59.02m，热储层岩石密度为 2788kg/m³，岩石比热容为 0.921J/（kg·℃），孔隙率为 0.005，渗透系数为 0.168m/d。

水化学成分：2013 年 7 月 3 日考察时采集的水样分析结果如表 B-3 所示。

表 B-3　朝阳 169 号地热井化学成分

t_s	pH	TDS	Na⁺	K⁺	Ca²⁺	Mg²⁺
36	8.27	1223	332	17.4	18.0	9.1
Li	Rb	Sr	NH₄⁺	CO₃²⁻	HCO₃⁻	SO₄²⁻
0.591	na	0.566	<0.02	18.0	524.8	9.4
Cl⁻	F⁻	CO₂	H₂SiO₃	HBO₂	HAsO₃	化学类型
253	11.4	0.0	37.4	22.0	0.002	HCO₃-Na

开发利用：流量为 69.28m³/h。热水中氟含量过高，不适于饮用，但是含铁、锂、锌等对人体有益的矿物质，可用于医疗洗浴，具有健身作用。若该地热井水用于温泉洗浴则需要除铁，因为水中的铁容易导致池壁变成铁锈色，增加水浑浊度。

4. 朝阳 179 号地热井

位置：位于北京市朝阳区双桥甲一号院人力资源和社会保障部社会保障能力建设中心院内。

井深：1982.02m。

孔径：0.152m。

井口温度：46.5℃。

热储层特征：蓟县系雾迷山组为主要的热储层，岩性以白云岩为主，其中夹少量白色的方解石脉，平均地温梯度为 0.94℃/100m。

水化学成分：2013 年 8 月 13 日考察时采集的水样分析结果如表 B-4 所示。

表 B-4　朝阳 179 号地热井化学成分

t_s	pH	TDS	Na^+	K^+	Ca^{2+}	Mg^{2+}
46.5	8.15	494	123	4.1	11.0	6.7
Li	Rb	Sr	NH_4^+	CO_3^{2-}	HCO_3^-	SO_4^{2-}
na	na	0.283	0.13	6.0	262	124
Cl^-	F^-	CO_2	H_2SiO_3	HBO_2	$HAsO_3$	化学类型
45.2	10.4	na	na	na	na	HCO_3-Na

开发利用：生产能力很高，降深 0.75m 时出水量为 1889.76m³/d。地热水中氟、偏硅酸、偏硼酸含量均超过医疗热矿水命名的标准浓度，此外，还含有锌、锂、锰、溴等有益元素，可用于医疗、洗浴、康复等方面。

5. 海淀 5 号地热井

位置：位于北京市海淀区苏家坨镇东北 3500m，距南侧温泉村约 4000m。

井深：2500.58m（未钻穿）。

孔径：0.152m。

井口温度：42℃。

热储层特征：燕山期花岗岩为该区主要的热储层，厚度为 520.58m（未揭穿），该区热水主要储存于燕山期花岗岩断裂构造之中，以灰色、灰绿、灰白色花岗岩、石英闪长岩为主。燕山期花岗岩的最高温度为 47.7℃，平均百米地温梯度值为 1.47℃/100m。静止水位为 16.1m。

水化学成分：2013 年 9 月 23 日考察时采集的样品分析结果如表 B-5 所示。

表 B-5　海淀 5 号地热井化学成分

t_s	pH	TDS	Na^+	K^+	Ca^{2+}	Mg^{2+}
42	7.76	1033	255	3.26	65.3	1.2
Li	Rb	Sr	NH_4^+	CO_3^{2-}	HCO_3^-	SO_4^{2-}
0.006	na	0.661	<0.02	0.0	37.8	575
Cl^-	F^-	CO_2	H_2SiO_3	HBO_2	$HAsO_3$	化学类型
59.8	14.8	4.4	28.5	1.15	<0.002	SO_4-Na

开发利用：日出水量为2163.456m³，出水温度为30℃。水中氟含量过高，不符合饮用水标准，但是含有铁、锰、偏硅酸、锌等多种有益组分，矿物质含量丰富，且热水取自地下基岩深处，洁净无污染，具有良好的医疗保健价值，可用于医疗、洗浴、康复等方面。

6. 房山33号地热井

位置：位于北京市房山区良乡镇东南东羊庄村北京工商大学良乡校区院内。

井深：1610.00m。

孔径：0.152m。

井口温度：51℃。

热储层特征：蓟县系雾迷山组为主要的热储层，岩性以白云岩为主，其中夹少量白色的方解石脉，平均地温梯度为0.94℃/100m，热储层最高温度为69.4℃。热储层（裸眼）厚度为815.98m，顶板埋深为1601m，底界埋深为2416.98m，静止水位为61.9m，热储层岩石密度为2788kg/m³，岩石比热容为0.921J/(kg·℃)，孔隙率为0.005，渗透系数为0.168m/d。

水化学成分：2013年7月2日考察时采集的样品分析结果如表B-6所示。

表B-6　房山33号地热井化学成分

t_s	pH	TDS	Na^+	K^+	Ca^{2+}	Mg^{2+}
51	7.92	588	64.2	11.1	58.5	22.8
Li	Rb	Sr	NH_4^+	CO_3^{2-}	HCO_3^-	SO_4^{2-}
0.0766	na	1.39	<0.02	0.0	252.6	121
Cl^-	F^-	CO_2	H_2SiO_3	HBO_2	$HAsO_3$	化学类型
24.8	4.89	1.3	33	0.29	0.003	$HCO_3 \cdot SO_4 - Na \cdot Ca$

开发利用：出水量为1239m³/d。井水可优先用于医疗、洗浴、康乐、保健，发挥其医疗矿水的功能。经过洗浴和各种温泉游乐项目的废水经过中水处理后，还可以进行卫生间的冲洗、室外喷泉及水景的布设和环境绿化、灌溉等。为了本井的长期安全使用以及热田开采条件的稳定，建议本井在今后的使用中未进行回灌时将出水量控制在600m³/d左右。如回灌井竣工后，采灌正式连接运行后可将日出水量控制在1200m³/d，是较为稳妥的使用方案。

7. 通州3号地热井

位置：位于北京市通州区宋庄镇白庙村运河苑度假村内。

井深：1610.00m。

孔径：0.152m。

井口温度：42℃。

热储层特征：蓟县系雾迷山组为本井的热储层，岩性以白云岩为主，热储层（裸眼）厚度为782m，顶板埋深为1044m，底界埋深为1826.8m，由电测曲线看，其中1697~

1715m、1794～1796m、1798～1816m、1818～1826m 段裂隙较为发育，为本井主要出水层段。热储层平均地温梯度为 2.13℃/100m，热储层岩石密度为 2788kg/m³，岩石比热容为 0.921J/(kg·℃)，孔隙率为 0.005，渗透系数为 0.08m/d，静止水位为 37m。

水化学成分：2001 年 10 月 24 日考察时采集的样品分析结果如表 B-7 所示。

表 B-7　通州 3 号地热井化学成分

t_s	pH	TDS	Na^+	K^+	Ca^{2+}	Mg^{2+}
42	8.15	494	123	4.1	11.0	6.7
Li	Rb	Sr	NH_4^+	CO_3^{2-}	HCO_3^-	SO_4^{2-}
0.0890	na	0.18	0.13	6.0	262	124
Cl^-	F^-	CO_2	H_2SiO_3	HBO_2	$HAsO_3$	化学类型
45.2	10.4	0.0	27	1.20	<0.002	HCO_3-Na

开发利用：开凿地热井的目的是用于桑拿洗浴、文化娱乐及部分采暖项目。降深为 61m 时出水量为 1482.620m³/d，出水温度为 42℃。地热水中氟、偏硅酸、偏硼酸含量均超过医疗热矿水命名的标准浓度，此外，还含有锌、锂、偏硅酸、偏硼酸等对人体有益矿物质，具有良好的医疗保健价值。

8. 通州 7 号地热井

位置：位于北京市通州区城关东方化工厂生活区内。

井深：2202.88m。

孔径：0.152m。

井口温度：49℃。

热储层特征：蓟县系雾迷山组为本井的热储层，岩性以白云岩为主，热储层（裸眼）厚度为 782m，顶板埋深为 1044m，底界埋深为 1826.8m，由电测曲线看，其中 1697～1715m、1794～1796m、1798～1816m、1818～1826m 段裂隙较为发育，为本井主要出水层段。热储层平均地温梯度为 2.13℃/100m，热储层岩石密度为 2788kg/m³，岩石比热容为 0.921J/(kg·℃)，孔隙率为 0.005，渗透系数为 0.08m/d，静止水位为 37m。

水化学成分：2003 年 10 月 24 日考察时采集的样品分析结果如表 B-8 所示。

表 B-8　通州 7 号地热井化学成分

t_s	pH	TDS	Na^+	K^+	Ca^{2+}	Mg^{2+}
49	7.92	569	132	2.05	14	8.5
Li	Rb	Sr	NH_4^+	CO_3^{2-}	HCO_3^-	SO_4^{2-}
0.172	na	na	na	0.0	305	39.0
Cl^-	F^-	CO_2	H_2SiO_3	HBO_2	$HAsO_3$	化学类型
53.1	4.50	na	39.9	na	na	HCO_3-Na

开发利用：由东方化工厂投资开发，涌水量为1071.38m³/d，主要用于生活区居民日常生活热水的供应，目前该井已停用。

9. 顺义9号地热井

位置：位于北京市顺义区天竺镇薛大人庄长乐宝苑小区。

井深：2900.68m（未揭穿）。

孔径：0.152m。

井口温度：64℃。

热储层特征：侏罗系安山岩、角闪安山岩为本井的热储层，热储层（裸眼）厚度为1878m，顶板埋深为622m，底界埋深为2500m，热储层平均地温梯度为3.03℃/100m，热储层岩石密度为2788kg/m³，岩石比热容为0.921J/(kg·℃)，孔隙率为0.007，渗透系数为0.0113m/d，静止水位为31.2m，勘查钻探未揭露蓟县系雾迷山组，由此说明本区侏罗系的深度要大于2900.68m，其下伏地层是否为蓟县系雾迷山组还需要进一步研究来确定。

水化学成分：2003年10月24日考察时采集的样品分析结果如表B-9所示。

表 B-9　顺义9号地热井化学成分

t_s	pH	TDS	Na^+	K^+	Ca^{2+}	Mg^{2+}
64	8.53	745	244	3.51	18	0.2
Li	Rb	Sr	NH_4^+	CO_3^{2-}	HCO_3^-	SO_4^{2-}
na	na	na	na	0.0	52.5	258
Cl^-	F^-	CO_2	H_2SiO_3	HBO_2	$HAsO_3$	化学类型
131	4.50	na	na	na	na	$SO_4 \cdot Cl-Na$

开发利用：降深为227.4m时，日出水量为840m³。本井热矿水中含有氟、铁、锰、偏硅酸和微量元素等多种有益组分，矿物质含量丰富，水质好，热水取自地下基岩深处，洁净无污染，可作为医疗热矿水开发利用。本井采用侏罗系构造裂隙水，成为北京地区构造热储又一新的范例。为了本井长期安全使用，以及本地热田可持续利用，建议本井在今后的使用中将日用水量控制在500m³以内，水位下降124.90m是较为稳妥的使用方案。

10. 顺义15号地热井和顺义5号回灌井

位置：位于北京市顺义区李遂镇柳各庄村东北京市残疾人服务中心，为一开采及回灌的对井。

井深：顺义15号地热井成井深度950m，顺义5号回灌井成井深度700.84m。

孔径：0.152m。

井口温度：42℃。

热储层特征：顺义15号地热井热储层厚度为606m，主要岩性为灰白色白云岩和燧石条带白云岩，第四系盖层厚度为344m，主要是黏土、黏砂和砂砾石；顺义5号回灌井热储层厚度为356.34m，第四系盖层厚度为344.5m，地层岩性与顺义15号地热井相同。综合两井测温资料，本区盖层的平均地温梯度为8.29℃/100m，热储层雾迷山组地温梯度为

1.46℃/100m。

水化学成分：2008 年 5 月 5 日考察时采集的样品分析结果如表 B-10 和表 B-11 所示。

表 B-10　顺义 15 号地热井化学成分

t_s	pH	TDS	Na^+	K^+	Ca^{2+}	Mg^{2+}
na	7.49	653	138	14.6	19.6	12.8
Li	Rb	Sr	NH_4^+	CO_3^{2-}	HCO_3^-	SO_4^{2-}
0.517	na	na	na	0.0	366	45.1
Cl^-	F^-	CO_2	H_2SiO_3	HBO_2	$HAsO_3$	化学类型
46.3	9.6	4.4	44.3	na	na	HCO_3–Na

表 B-11　顺义 5 号回灌井化学成分

t_s	pH	TDS	Na^+	K^+	Ca^{2+}	Mg^{2+}
42	7.53	988	147	12.6	23.0	14.0
Li	Rb	Sr	NH_4^+	CO_3^{2-}	HCO_3^-	SO_4^{2-}
0.476	na	na	0.38	0.0	384	47.2
Cl^-	F^-	CO_2	H_2SiO_3	HBO_2	$HAsO_3$	化学类型
50.0	9.2	4.4	31.1	2.90	na	HCO_3–Na

开发利用：顺义 15 号地热井出水温度为 45℃，降深为 39.98m 时，涌水量为 2163m³/d。顺义 5 号回灌井出水温度为 42℃，降深为 38.90m 情况下，涌水量为 1239m³/d。

11. 昌平 63 号地热井

位置：位于北京市昌平区小汤山镇东顺沙路九华山庄员工宿舍区。

井深：1608.88m。

孔径：0.152m。

井口温度：46℃。

热储层特征：蓟县系雾迷山组为本井的热储层。另外，由于出水温度的要求，蓟县系铁岭组、寒武系等碳酸盐岩地层，不作为本井的热储目的层，使用水泥进行封堵。根据地球物理测井情况，全井为正常的地温梯度变化，即深度越大地温越高。根据计算，全井盖层的平均地温梯度为 3.23℃/100m，热储层雾迷山组地温梯度为 0.42℃/100m。

水化学成分：2005 年 3 月 21 日考察时采集的样品分析结果如表 B-12 所示。

表 B-12　昌平 63 号地热井化学成分

t_s	pH	TDS	Na^+	K^+	Ca^{2+}	Mg^{2+}
46	7.63	439	47.1	0.82	41.1	19.4
Li	Rb	Sr	NH_4^+	CO_3^{2-}	HCO_3^-	SO_4^{2-}
0.0945	na	na	0.05	0.0	275	36.1

续表

Cl⁻	F⁻	CO₂	H₂SiO₃	HBO₂	HAsO₃	化学类型
13.0	5.3	na	na	na	na	HCO₃ – Na·Ca·Mg

　　开发利用：主要用于供暖和洗浴，降深为 9.22m 时涌水量为 1505.962m³/d，结合抽水试验数据，为了地热井的安全使用，以及小汤山地热田持续稳定的开发，将 1700m³/d 作为本井最大允许开采量是较为合理的方案。

　　12. 大兴 6 号地热井

　　位置：位于北京市大兴区芦城外研社培训基地院内。

　　井深：2601.88mm。

　　孔径：0.152m。

　　井口温度：45℃。

　　热储层特征：热储层为蓟县系雾迷山组，岩性为白云岩，热储顶板埋深为 1747.5m，热储底板埋深为 2601.88m，热储层厚为 854.38m。热储层平均地温梯度为 2.03℃/100m，热储层岩石密度为 2788kg/m³，岩石比热容为 0.921J/(kg·℃)，孔隙率为 0.288，渗透系数为 0.1633m/d，静止水位为 84.5m。

　　水化学成分：2004 年 3 月 2 日考察时采集的水样分析结果如表 B-13 所示。

表 B-13　大兴 6 号地热井化学成分

tₛ	pH	TDS	Na⁺	K⁺	Ca²⁺	Mg²⁺
45	7.75	770	124	6.17	57.1	21.9
Li	Rb	Sr	NH₄⁺	CO₃²⁻	HCO₃⁻	SO₄²⁻
0.193	na	1.5	0.13	0.0	311	210
Cl⁻	F⁻	CO₂	H₂SiO₃	HBO₂	HAsO₃	化学类型
32.4	4.8	na	na	na	na	HCO₃·SO₄–Na

　　开发利用：主要用于供暖和洗浴。降深为 15.10m 时出水温度为 49℃，出水量为 1979.42m³/d。根据水质化验结果，氟含量达到医疗热矿水命名浓度，可命名为"氟水"，偏硅酸和偏硼酸含量达到医疗价值浓度标准。此外，地热水中还含有锂、锌等对人体健康有益的微量成分，地热水可作为医疗矿水开发利用。

　　13. 大兴 9 号地热井

　　位置：位于北京市大兴区采育镇张各庄村。

　　井深：3623m。

　　孔径：0.152m。

　　井口温度：97℃。

　　热储层特征：蓟县系雾迷山组白云岩、燧石条带白云岩，为此井的取水热储层，热储顶板埋深为 3358m，热储底板埋深为 3623m，热储层厚为 265m。热储层平均地温梯度为

2.03℃/100m，热储层岩石密度为2788kg/m³，岩石比热容为0.921J/(kg·℃)，孔隙率为0.288，渗透系数为0.1633m/d，静止水位为84.5m。

水化学成分：2009年10月14日考察时采集的水样分析结果如表 B-14 所示。

表 B-14　大兴9号地热井化学成分

t_s	pH	TDS	Na⁺	K⁺	Ca²⁺	Mg²⁺
97	7.84	6700	2330	156	7.5	15.8
Li	Rb	Sr	NH₄⁺	CO₃²⁻	HCO₃⁻	SO₄²⁻
na	na	na	6.50	0.0	592	51.4
Cl⁻	F⁻	CO₂	H₂SiO₃	HBO₂	HAsO₃	化学类型
3380	10	na	na	na	na	Cl–Na

开发利用：降深125.6m时，此地热井日出水量为1441.33m³，出水温度为103℃，是北京地区首个出水温度大于90℃的地热井，使得北京进入"中温地热"行列。其中伴生天然气，自流水量为800m³/d，属于北京地区少有的自流气液两用井，目前已封停，封井压力为0.52MPa。

14. 延庆5号地热井

位置：位于北京市延庆区张山营镇苏庄村附近的延庆区果树生态示范园内。

井深：2130.28m。

孔径：0.152m。

井口温度：46℃。

热储层特征：该地热井热储层为蓟县系雾迷山组，该套地层在断裂影响带附近岩溶裂隙比较发育，是较为理想的热储层。热储顶板埋深为1602m，热储底板埋深为2130.28m，热储层厚为528.28m。热储温度为53.8℃，岩石密度为2788kg/m³，岩石比热容为0.921J/(kg·℃)，孔隙率为0.005，渗透系数为0.0192m/d，静止水位为90.2m。

水化学成分：2006年4月30日考察时采集的水样分析结果如表 B-15 所示。

表 B-15　延庆5号地热井化学成分

t_s	pH	TDS	Na⁺	K⁺	Ca²⁺	Mg²⁺
46	8.49	627	200	2.05	4.6	0.4
Li	Rb	Sr	NH₄⁺	CO₃²⁻	HCO₃⁻	SO₄²⁻
0.207	na	na	0.07	24.0	268	68.0
Cl⁻	F⁻	CO₂	H₂SiO₃	HBO₂	HAsO₃	化学类型
55.9	19.0	na	na	na	na	HCO₃–Na

开发利用：降深为67.4m时，日出水量为751.33m³。出水量随着水位降深的增加而增加，日出水量为751.33m³时动水位达到156.1m，为了本井的长期安全使用，建议本井在以后的使用中将降深控制在50m以内，日出水量控制在700m³以内，是较为稳妥的使用

方案。

15. 延庆 3 号回灌井

位置：位于北京市延庆区延庆镇香苑街 15 号圣世苑培训中心。

井深：2506.62m（未揭穿）。

孔径：0.152m。

井口温度：67℃。

热储层特征：该地热井热储层为蓟县系雾迷山组，岩性为燧石条带白云岩。热储顶板埋深为 1297m，热储底界埋深为 2506.62m，未揭穿。热储层平均地温梯度为 2.69℃/100m，热储层岩石密度为 2788kg/m³，岩石比热容为 0.921J/(kg·℃)，孔隙率为 0.005。

水化学成分：2003 年 10 月 30 日考察时采集的水样分析结果如表 B-16 所示。

表 B-16　延庆 3 号回灌井化学成分

t_s	pH	TDS	Na^+	K^+	Ca^{2+}	Mg^{2+}
67	7.72	574	86.4	7.02	46.1	15.2
Li	Rb	Sr	NH_4^+	CO_3^{2-}	HCO_3^-	SO_4^{2-}
na	na	na	0.07	24.0	3057	54.9
Cl^-	F^-	CO_2	H_2SiO_3	HBO_2	$HAsO_3$	化学类型
51.5	5.9	na	na	na	na	$HCO_3-Na·Ca$

开发利用：可命名为氟水、硅水。此外地热水中还含有锂、偏硼酸等对人体健康有益的成分，可作为医疗热矿水开发利用。另外地热水中总铁浓度为 1.32mg/L，高于生活饮用水卫生标准允许的上限（0.3mg/L），会污染洁具和池壁，使用时应对其作处理。H_2S 气体含量为 0.12mg/L，有一定的异味，使用时也应进行处理。